# 生存的法则与智慧
## ——莎士比亚如是说

王从文◎著

全国百佳出版社
中央编译出版社
Central Compilation & Translation Press

图书在版编目（CIP）数据

生存的法则与智慧：莎士比亚如是说／王从文著.
—北京：中央编译出版社，2010.5
ISBN 978-7-5117-0210-4

Ⅰ.①生… Ⅱ.①王… Ⅲ.①成功心理学-通俗读物
Ⅳ.①B848.4-49

中国版本图书馆 CIP 数据核字（2010）第 043918 号

## 生存的法则与智慧

| | |
|---|---|
| 出 版 人 | 和 龑 |
| 责任编辑 | 王忠波 |
| 出版发行 | 中央编译出版社 |
| 地　　址 | 北京西单西斜街 36 号（100032） |
| 电　　话 | （010）66509360　66509405（编辑部） |
| | （010）66509364（发行部） |
| | （010）66509618（读者服务部） |
| 网　　址 | www.cctpbook.com |
| 经　　销 | 全国新华书店 |
| 印　　刷 | 北京密云红光印刷厂 |
| 开　　本 | 710mm×960mm　1/16 |
| 字　　数 | 270 千字 |
| 印　　张 | 18.75 |
| 版　　次 | 2010 年 5 月第 1 版第 1 次印刷 |
| 定　　价 | 36.00 元 |

本社常年法律顾问：北京大成律师事务所首席顾问律师　鲁哈达

## 目录

**序言** 行到水穷处 坐看云起时 ………………………………… (1)

## 第一章 坚持做自己

- **法则一** 做人就要勇于承担责任 ………………………… (7)
- **法则二** 先察言观色再做事 ……………………………… (17)

## 第二章 为人处世

- **法则一** 不要让别人认为欠你的 ………………………… (35)
- **法则二** 你好 我也好 ……………………………………… (44)
- **法则三** 没有人喜欢别人来挑自己的刺 ………………… (53)
- **法则四** 恭维也是一门学问 ……………………………… (66)
- **法则五** 说服他人如此简单 ……………………………… (75)

## 第三章 坚定自己的立场

- **法则一** 切忌优柔寡断 …………………………………… (90)
- **法则二** 不要活在他人的情绪中 ………………………… (102)
- **法则三** 要看得起自己 …………………………………… (110)
- **法则四** 对待失意人要隐藏锋芒 ………………………… (119)

## 第四章 理智地爱

- **法则一** 用自己的眼光审视幸福 ………………………… (133)
- **法则二** 唯小人难养也 …………………………………… (143)

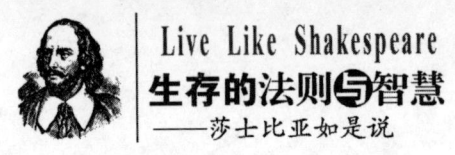

**法则三** 信任也是有度的 ………………………………… (160)

## 第五章 找准自己的中心

**法则一** 保持年轻的心态 ………………………………… (178)
**法则二** 生活中不需要神秘人 …………………………… (191)
**法则三** 要经得起抬举 …………………………………… (205)

## 第六章 优雅地活着

**法则一** 我们都需要精神支柱 …………………………… (217)
**法则二** 爱的极致是宽容 ………………………………… (222)
**法则三** 把握现在是关键 ………………………………… (231)

## 终曲：从成熟走向成功

**安德鲁·卡内基**：招致失败的45条常见原因 …………… (242)
**拿破仑·希尔**：走向成功的17条定律 …………………… (245)
**卡特尔**：如何做一个真正成熟的人 ……………………… (254)
**汤姆·莫利斯**："7C 模式"保障你成功 ………………… (263)
**麦克斯威尔·马尔兹**：成功的机制 ……………………… (269)
**克勒蒙·斯通**：打开财富的堡垒 ………………………… (275)
**史蒂芬·哈维**：成功的十条戒律 ………………………… (279)
**冈本常男**：克服人生的困难和挫折 ……………………… (283)
成功地与他人交往 …………………………………………… (286)

# 行到水穷处 坐看云起时

曾经有过心境很乱的时候。

高中时，应该说成绩已经相当不错了，但是自知有那么多更好成绩的学生在，因而就对自己在本地方"虚假"的第一名感到心虚。忽有一日，见到前边一排座位上一位女同学写了句"筋疲力尽而又低能无用"，乃大为惊骇，面红耳赤，以为是在讥诮自己。

过了好多年想一想，根本没有这种可能。看来真是功课太多，学习压力太大，竟把自己的情绪逼成这样。

不过，各色的比较却纷沓而至。本科时与老乡同学比专业好坏，比学校设施配备，比外语，比交流流畅程度，比风度，比在班级受尊重程度……稍无一日可宁，人若浮萍蒲公英，任随雨打风吹，了无一个定所。凡有被人比下去的地方，必欲找出一个不算差的理由，凡在不算差的地方，又有超绝的一辈来把你比没了。

上了班，各色的比较日甚一日，同事之间的较量加上地方庸俗不堪的关系网络与势力之争，乃至同事之间的拉帮结派，力量消长，活脱脱要把人的心思变成一个活的炼狱，无一日容许你安宁。

后来就有了宿命的看法，有了"月蚀党"之争。有人说，既然社会发展是有科学规律的，犹若月蚀必须发生一样，何苦再组建一个"月蚀党"来促使月蚀发生？

几个朋友讨论后的结论是：瞎扯蛋，天上掉不下来馅饼，要吃还得自己动手去做。看来是不准备加入月蚀党了。

既然没加入月蚀党，就又开始挣扎，于是就又上了北大，上了清华，一帮老同学们一眨眼间就又开始各奔前程了。不只如是，大家还发现，每一个人又面临新一轮的比较与选择：是出国、读博士，还是进机关、下海？

　　不知不觉中发觉心情开始平静下来，活动空间的加大，个人受过的磨难也使大家心理弹性增加。相顾茫茫，一帮少年时的朋友，再次聚首时，话题慢慢向成家、立业、健康、生命方向发展。

　　心情不再那么纷乱，与周围的关系也趋向健全。回看那一幕幕的炼狱生活，才发觉不过是在中途，不过是在中途！奔跑的人啊！茫然的人！心无定所，必被各种的欲望、欠缺、烦恼所揉搓。

　　"行到水穷处，坐看云起时"，是什么样的时候，你忽然有了这样的感觉？是什么样的时候，你开始平静？是什么样的时候，你开始坚定？是什么样的时候，你开始冷漠？是什么样的时候，你开始深藏不露？又是什么样的时候，你开始演习操纵人的小把戏？

　　面对着千百年来始终沉默的天空，我们只生存，不回答，这是老实、悠长的生活。磨难中，句子变得简短而深藏。

　　有一种悲观地看历史的方法，认为过去的事情就过去吧，回忆它徒增烦恼。又有一种乐观地看历史的方法，认为历史有情，"人生易老天难老"，历史把生命展开了来，生命史一遍一遍重演，演习得多了，人就活得熟练了。圆熟？世故？娴熟？完美？……怎样去过完一生，又怎样为人所评价一生，众口纷纭，莫衷一是。然而，练达的一生毕竟不同于残破的回忆，如水的心境毕竟不同于伤心的蒲公英。如若风雨飘摇是一种凄凉，世事洞明却毕竟是一种圆满。

　　如果莎翁能把世间百态给我们点破，我们就有理由记住众生的生存态相。学而不习犹若不学，生命一遍又一遍演习的悲剧如果不被记住，那可真无异于一个没有记性的孩子，该挨家长一个难忘的爆栗了。

　　如果你心情还稍有点儿乱，干吗不读一读这本书呢？也许，你可以像莎士比亚一样生活呢！

# 第一章 坚持做自己

- 法则一 做人就要勇于承担责任
- 法则二 先察言观色再做事

# 第一章 坚持做自己
## Live Like Shakespeare

做一个独立的人,这是每一个人的梦想,而要做到这一步,首先就要有一种对个人独特性的自豪感,要为自己迥异于他人而感到欢欣。

你无须在他人的影子下生活,名流也罢,亲戚也罢,爱人也罢,你或许可以将他们视为生活之楷模,你尊敬他们,仰视他们,在某些方面甚至模仿他们。但是他们为什么重要?这主要是因为你认为他们重要。你可以选择他们,将他们视为楷模,但也有权抛弃他们,选择别人做楷模。一切皆操之在己。

你自己可以决定自己该走什么样的路,决定自己该往什么方向去。无论你是否有特别的禀赋,你都有权选择如何推进自己的生命。你对生活是否满意?你是否实现了生活目标?你是否感到幸福?所有这些问题,你都得选择一个答案。

你怎样控制你的意志,你就往哪个方向去,你的命运并不一定只取决于某一次大的行动,更多时候取决于你在日常生活中的选择,相信你的感觉、听从你感觉的指点、追随感觉,及时作出正确选择,这将给你的生活带来极大的动力。

莎士比亚,这位了不起的心理学大师,他把每个人的生活都看做是一段艰苦的历程。他相信,这个历程该怎么走,全赖你决定怎么走。在莎士比亚之前,戏剧人物大都是平面的,常常可以用几种有限的模式来概括,莎士比亚彻底改变了我们对人的看法。他的36部戏剧,塑造了几百个人物形象,每个人物的人生历程都大不相同,从莎士比亚开始,我们才重新认识到个人的独特性。莎士比亚戏剧是认识人性的伟大里程碑。

这位行吟诗人告诉我们,人性的分裂与多面正是上帝赋予我们的了不起的礼物。当然,这种礼物有时会使我们感到非常孤独。但如果你能精心培育你的这种独特的个性,你就会获得无穷的生命力。

现代心理学已经找到了多种途径帮助我们成为独立的个人。通往成熟的道路有很多种,我们从婴孩的成长已经可以看出成长过程的复杂性。刚开始时,婴孩只能机械地整体移动身体的某个部位,比如说挥动一只手,

婴孩要花很长时间才能分解其物理动作，学会只移动手指而不移动手的其他部分。

此后很长一段时间，婴孩很可能仍然不能把自己和母亲区分开。自己是不同于其他任何人的，婴孩对此毫无概念，通常要花上整整一年时间，婴孩才会渐渐开始明白，母亲并不是自己身体的自然延伸，而这一认识过程，将是一个了不起的"个人化"过程。

自此以后，婴孩才慢慢进一步认识到自己是独立存在的。随着时间的推移，小孩会认识到自己在许多方面都与其他人大不一样。这时他就发现了自己的独特性。

对许多人来说，发现个体独特性要花去他们整整一生的时间。我们意识到我们不同于其他任何人，并把这一不同点作为一个基本的事实接受下来。

发现我们自己是独特的个体，这将使我们进一步认识到周围其他人的性格是丰富多彩的。作为一个独特的个体，你会强烈地意识到自己和其他人是分离开的。这种感觉同时又会使你意识到自己和其他人是一个完整的统一体。

个人之所以是一个独特的个体，那是因为你充分认识到你是依赖于自己的感觉而存在的，你对事物有自己的感觉，并会作出自己的反应。这种感觉和反应或许与周围其他人一样，或许完全不同，就此而言，你会认识到无论是微不足道的小事，还是意义重大的大事，你都可以作出与他人截然不同的个人选择。这就意味着，不管别人告诉你孰是孰非，也不管别人怎么做，你都完全可以无视压力完全独立地作出自己的决定。

自己居然是一个独立的个体，与地球上其他任何人截然不同。发现这一点，或许同时使你感到非常痛苦，会有一种巨大的诱惑力驱使你不愿意承认自己是一个独立的个体，这种诱惑力也常常会驱使小孩把自己与母亲紧紧关联在一起。发现在生活中你是孤独的，这就同时意味着你要为你做的每一件事情负责，也就意味着你得接受别人的谴责乃至惩罚。

# 第一章 坚持做自己
## Live Like Shakespeare

但这种个体化的过程同时又是一个非常快乐的过程。因为这意味着你将亲身体验到自己生活的各种乐趣。你的命运掌握在你的手里，这难道不是一个令人振奋的消息吗？

一个人如果不能成为一个独立的个体，他就会沦为各种压力的奴隶，缺乏一种独立的人格。

许多成年人只是部分实现了"个人化"。结果，因为他们没能正确认清自己，也就很难形成一种正确的人际关系，别人很难信任他们，因为别人无法预测到在通常情况下他们的感受是什么，他们会怎么做，他们没有一根人格的支柱，别人无从依靠，因而也就无法对他们的行为作出合理的估计。

做一个独特的个人不只意味着我们要为自己的行为负全部责任，它同时还意味着我们愿意怎样评价自己的行为，我们就可以怎样去评价。理解了自己对外界的感受，就可以据此决定怎样去行动，我们不必非要诉诸他人的感受。

当然，在莎士比亚时代，"个体化"这样的词还没出现。然而在莎士比亚戏剧中，强烈地贯穿着个体这种观念。他显然将其戏剧人物看做一个被清晰界定的个人。莎士比亚戏剧中的主人公，不管其行为是对是错，他们都能为自己的行为负责。而且其中一些优秀的人物非常清楚他们对外界的感受是什么。通过莎士比亚之口，他们雄辩地描绘了自己对外界的感受。

莎士比亚及其同时代的人，倾向于讲述名人的故事，帝王将相、才子佳人是其戏剧的主要人物，不过与其他人不同，这位行吟诗人认识到任何人都有可能是独特的，乡村牧师也好，农夫也好，士兵也好，挖墓人也好，个人职位可能非常寒微，但是他们都很真实地作为个体的自己而生活着。莎士比亚恰恰把这种个体的独特性表达了出来。

这些出身寒微的人各有自己的喜怒哀乐，依从自己的信仰而行动，这些小人物深深打动了莎士比亚的心。他赋予鞋匠、木匠以独特的个性，从

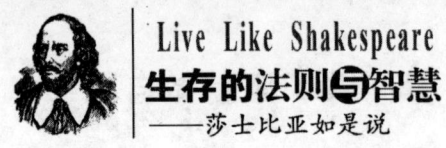

而使之成为不朽的人物形象。

另一方面,在这位行吟诗人眼里,许多毫无个性的人不过是一群可悲的没有心肠的动物。莎士比亚充分认识到,大众化的思想非常危险。这位行吟诗人认识到,个性是人之为人的基础,也是人之尊严所在。他教育我们,具有个性是个人成长的第一步。

那么,莎士比亚所讲的个性,以及我们日常生活中所讲的个性到底是什么呢?

本章,我们将会看到莎士比亚戏剧中的几个人物形象。其中一个人物缺乏完备的个性特征,而另外一个人物,却因为其不健全的个性酿成了悲剧。

# 第一章 坚持做自己
## Live Like Shakespeare

## 法则一　做人就要勇于承担责任

　　谁也不可能天生就是一块做领导的料子，领导别人的魔力不可能是先天就有的。一个人为生活中每一个细小的行为负责，这个人就会逐渐成为一个真正的领导者，他是在日常的每一个细小行为中逐步积累起领导能力的。

　　有些人具有赢家的特征，他们拥有值得尊敬的品质，这种品质或许难以归类。当他们是一个孩子时，他们选择玩某种游戏，而其他人来问他们游戏的规则，长大成人后，他们似乎成了天生的领袖人物，他们向我们表示祝贺，他们邀请我们参与其决策行动，邀请我们参加其聚会，每当这些人物这么做时，我们都会因为其行为而感到激动。如果有两个不同的社交场合，这些人出现在哪一个场合，这个场合就似乎显得非常重要。在公司里，他们顺理成章地控制全局，似乎他们注定会成功。这些人物就是莎士比亚戏剧《亨利五世》中所说的"描绘美好前景的人"。

　　到底谁是这样的一些人呢？又是什么使他们显得与众不同呢？

　　谁也不可能天生就是一块做领导的料子，领导别人的魔力不可能是先天就有的。一个人为生活中每一个细小的行为负责，这个人就会逐渐成为一个真正的领导者，他是在日常的每一个细小行为中逐步积累起领导能力的。他们的每一步行动都促使他们成为一个胜利者。用莎士比亚的话说，他们是"世界的主人"，他们之所以成为世界的主人，是因为他们积累了这种性格特征，而其他的人却没有去积累这种性格特征。

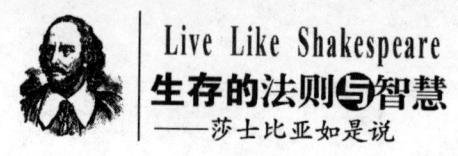

## 天生领导者，秘密何在

社会上有大量文章探讨一个人如何"天生"具有领导才能，这些具有领导才能的人一批又一批地涌现，人们通常这样总结他们：这些人具有中心人物的特征。

他们说他们发现这些人物在自己的生活中把自己视作中心人物，这些人在自己的作品中也这样描绘自己，其他人因此就这样看待这些领导人物。

事实上，在日常生活中，即使是一个普通人，只要他认定自己是一个中心人物，并且根据这种看法去行动，他们早晚都会发现他们自己也成了一名"天生的"领导者。

秘诀何在？

秘诀就在于每个想成为中心人物的人必须遵循下述原则行事：中心人物必须为其人生的每一小步负责。

## 英雄人物的人格

无论是神话谱系中的英雄人物，还是电影戏剧中的英雄人物，他们和现实中的英雄人物一样，其本质特征就是，在其生活中，这些人物的每一个行为都完全是可以合理解释的。简单说来，公众可以发现这些人物的每一个决定都是由自己作出的——尽管有时作出的决定是错误的。

并不是所有人都认识到这点。人们基本上倾向于认为英雄人物总是为自己的行为负责。

英雄人物周围的那些人常常不怎么能意识到英雄人物所为何循。假如你问："为什么你非常尊重这个人？"或者问："英雄人物为什么如此超凡出众？"这些人通常说不出因为所以，他们通常会如此这般来回答你："因

## 第一章 坚持做自己
## Live Like Shakespeare

为他表现得非常有能力！"或者说："这样一个大工程交给他来指挥，我感觉非常踏实。"

为什么用英雄人物来做一件事情，人们就感觉非常踏实。为什么人们不由自主地尊敬英雄人物，其间有不少奥妙。

- 英雄人物一般给人们这样的印象，他在过去通常是成功的。
- 英雄人物不畏惧挑战，也不害怕面对别人。
- 英雄人物不为自己的过失寻找借口，也不为他人的过失责备他人。他们行动做事总有一定的规矩原则。英雄人物的行动让人看起来是正确的。

如果一件事情具有一定风险，上级通常会找那些具有上述特征的人来做这件事情，因为他们知道这些人能给他们一个圆满的回答。

生活中有一件非常奇怪的事情，在你犯了一个错误时，这个错误反而有可能促使你达到一个出人意料的高度。如果你对自己的错误承担责任，而不是隐瞒错误，这个错误就有可能成为你的问路石。天生的领导者会详细分析各种失败的原因，想尽办法降低损失，起码尽量避免类似错误。无论是上级还是下属，他们都一致相信这种人是在通过错误寻找机会。

与此相对照，一个人如果总是谴责别人，或者总是为自己寻找借口，那么这种行为本身就证明他是失败的。别人失去了对他的信任。人们相信，如果这一次有某些不可抗拒的因素促使他失败，那么这些因素下次还会促使他失败。

一个负责任的人，不管事情是往好的方向还是坏的方向发展，他总会保持一种乐观向上的心态。逃避责任的人，总会不断显得孤苦无助。这种人总是说："我受了某某因素的影响。"他的意思是："我可能还会误导你，那照样不是我的错。"

无论是在商业中还是在私人关系中，为自己所犯的错误负责，将会大大地有益于你，你将会成为一个办事有原则的人。你还要清楚地认识到，一个不能宽恕你的人，不可能长期和你合作。如果你不能为你的行为负

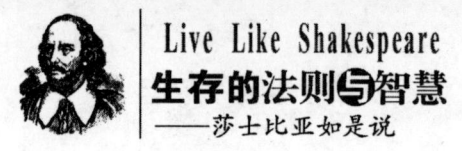

责,你最终会失去工作,失去友谊,甚至会为此付出其他更高昂的代价。

### 奥赛罗,悲剧英雄

人们通常认为奥赛罗是莎士比亚戏剧中最具悲剧色彩的人物。我们因为他的力量和仗义而敬佩他。而当他的悲剧性缺陷将他毁灭时,我们和他一样感到痛心疾首。

即使我们没见过奥赛罗,我们也会对他的英雄气概有所感觉,一旦我们和他遭遇,我们就会发现:

不管事大事小,只要是奥赛罗自己所做的事情,他就一定会为其承担责任。

戏剧开始时,奥赛罗是一个远近闻名的大将军。不过他的高级军衔却来之不易,他得克服强大的舆论偏见。他是摩尔人,皮肤是黑色的,人们因此对他充满歧视。

奥赛罗受雇于威尼斯人,帮助威尼斯人发动一场针对塞浦路斯人的战争。非常明显,威尼斯人对奥赛罗充满偏见,但是,他们又离不开奥赛罗,因为奥赛罗是一个超凡出众的领导者,他身材魁伟,激情澎湃。

莎士比亚十分清楚第一印象的重要性。他戏剧中的许多人物,当我们第一次见到他们时,都会马上发现他们特有的性格特征,奥赛罗也是这样。我们第一次见到他时,他正面临着一场大的危机。奥赛罗刚刚和一名年轻的威尼斯少女苔丝狄蒙娜结婚,他非常爱这位少女,苔丝狄蒙娜也为他的热情所感动,她不顾父亲的反对,毅然同奥赛罗结婚。

戏剧开始不久,有人告知奥赛罗,说苔丝狄蒙娜的父亲控告了他。有人还告诫奥赛罗,希望他及时逃走,避免被捕。但是,奥赛罗断然拒绝逃走。他坚持说他应该站出来接受审判。因为他并没有做错,他相信人们会公正地对待他。他大胆陈述自己的情况,威尼斯人最终宣判他无罪。

奥赛罗之所以伟大,一是因为他魁伟有力,二是因为他非常诚实。不

# 第一章 坚持做自己
## Live Like Shakespeare

过,他之所以酿成悲剧,那是因为他常常陷入自我厌恨之中,这使他露出了脆弱的一面,最终陷入嫉妒所带来的痛苦之中。

作为一名战士和一名军事指挥家,奥赛罗是完全够格的,他自己也完全明白这一点。但是,对于战场以外的东西,他自己却没有太大的把握。在他内心深处,他也的确担心自己年龄太大,配不上年轻的苔丝狄蒙娜,他也为周围的各种偏见所困扰,害怕自己缺乏高贵的威尼斯人以及年轻的同龄人所具有的社会地位和荣耀。

婚后不久,奥赛罗和苔丝狄蒙娜就启程前往塞浦路斯,他们一到那儿,整个故事中最为奇怪的一位人物就出现了。伊阿古,这位奥赛罗的左膀右臂、故知旧交,他已经跟随奥赛罗好长时间了。奥赛罗信任伊阿古,把他当做知己。不过观众很快就会发现,伊阿古的出场将毁灭奥赛罗。

这是一个千古之谜,专家们就这个问题已经讨论了好几个世纪,谁都承认,奥赛罗并没有伤害伊阿古。事实上,他还给了伊阿古一个不错的位置。人们对伊阿古的动机作出了好多种猜测,有人推测伊阿古可能是在某一次提升过程中被忽略掉,所以感到非常愤怒。也有人认为伊阿古实施这个阴谋毫无原因可言,他这样做只不过是因为这会给他带来快乐而已,或许,伊阿古嫉恨每一个人,在戏剧中,他只不过是嫉妒的代表。

伊阿古的设计使奥赛罗相信,苔丝狄蒙娜背叛了他,而与奥赛罗军营中一位年轻英俊的军官有染。随着剧情的发展,我们发现奥赛罗变得越来越痛苦不堪。伊阿古设计了许多虚假的证据来证明苔丝狄蒙娜背叛了奥赛罗,这就使得奥赛罗的嫉妒心越来越强烈。狂怒之中,奥赛罗扼死了深爱的妻子。在戏剧的末尾,事实表明苔丝狄蒙娜是清白无辜的,一切的背叛证据都是伊阿古捏造出来的。

谁也不会这么穷凶极恶地施以暴力,不会这样轻率地毁灭自己。然而,奥赛罗的英雄本性的确几乎让我们忘却了他的罪行。我们仍然对他非常敬佩,就算在他变得有些疯狂的时候。尽管他可以谴责伊阿古,辩称说他是受伊阿古的驱使实施谋杀的。但是,奥赛罗并没有这么做,他为他所

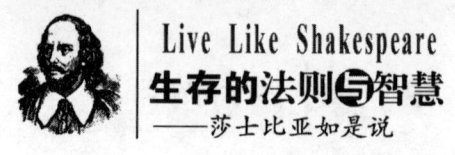

做的事情承担了全部的责任,他没有把自己放到一个受害者的位置上,没有责备任何人,也没有抱怨任何事。错误是他自己犯下的,不是伊阿古在驱使他,也不是一时的神志不清,也不是因为战争压力。

正如我们前面所说的那样,奥赛罗的悲剧在于他陷入了自恨自悔的情绪之中,这种情绪使他极易陷入嫉妒之中,最终使他达到了愤恨的顶点。嫉妒驱使他杀害了心爱的妻子,嫉妒也使他的生命以一种悲剧告终。的确,他杀掉了忠诚的妻子,也就扔掉了一颗善良的珍珠。不过,尽管结局如此充满悲剧色彩,奥赛罗的行为仍然有许多伟大之处。他去了,但是他光彩地死去,我们为他这种光彩地死而怀念他,这就使得我们在为不幸的苔丝狄蒙娜惋惜的同时,也为奥赛罗的死感到遗憾。

莎士比亚在另外一个地方曾经这么说过,"这一切皆源于我们的意志",就算是做错了,赢家也要为这种错误负责。当你开始认为你对你的任何行为都负有责任时,别人就不觉得有必要从人格上来攻击你了。

## 如何成为一名有感召力的核心人物

**1. 最为重要的是要记住,永远不要责备任何人**

假如你做错了一件事,承认这件事是你的错,不要去找任何借口,尽可能了解情况,改正错误。

假如为你做事的人犯了错误,请遵守商业活动中的基本原则。那就是你要为你的员工所犯下的错误承担责任。在和上级谈话时,不要责备下属,只有在你和下属单独谈话时,你才可以去批评他的错误。你的目的是促使一个人将来干得更好,而不是在众人面前使他出丑。

假如是其他什么人,比如说是朋友、合伙人犯了错误,那就由他去吧。假如错误非常明显,本身就不需要作任何评论。如果这人酩酊大醉,或者是他忘了赴约,最好的处理方法就是尽可能把这件事淡化掉。

如果一个人在批评你,千万不要在谈话时转移话题。不要去找各种借

## 第一章 坚持做自己
## Live Like Shakespeare

口为自己辩护。你要使对方相信,你准备认真听一听对方对你的批评。不要表现得坐立不安,或者想借故岔开话题。最好用具体的话语来表示你对批评者的感谢。

如果你接到了一个态度粗暴的电话,或者即将出席一场明知会不愉快的会议,如果这些不愉快的情况都是因为你犯下的错误引起的,那就请你不要遮遮掩掩,躲躲闪闪,不要害怕与你感到不愉快的人正面遭遇,不要放下电话,也不要有意长话短说。这样做只会激怒别人,使人觉得你像一个失败者。如果这样做的话,你犯下错误时就已经失败了一次,现在你就又成了一个失败者。

如果你认为某人错怪了你,那就让他把话说完,不要急于评论,听完了他的批评后,你就清楚地把这件事情作一解释。不过只需解释一遍。

你应该理解,批评你的人自己就已经非常不安,你不妨和他一起来关注这件事,承认这事非常重要。"你很关心这件事,这我非常理解,我也非常关心,不过在这件事中,……"然后你就向他解释为什么他不应该攻击你。

除非批评者话外有话,影响到你的工作或升迁,或者影响到了你在公司中的地位,否则你就没必要起劲地为自己辩护,威胁到了什么程度,辩护就做到什么程度。

### 2. 不要试图逃脱责任,就算你认为你能逃脱掉也不行

你要明白和上级较手劲,定要付出代价的,赢了这场较量,反而可能是最坏的结果。假如你想法使老板承认,"好,我明白了,是张三的责任,而不是你的责任",或许你会感到非常惬意。不过在这一过程中,同时你也就向人们表明,你不喜欢承担责任。就算做了错事,也不可能承担责任。

而且,你的老板肯定非常聪明,明白自己在这场孰是孰非的辩论中输给了雇员。你从老板身边走开时,或许感到非常自豪,因为你已经使他相信并不是你做了那件事。不过,老板从你身边走开时,却会认为你是一个

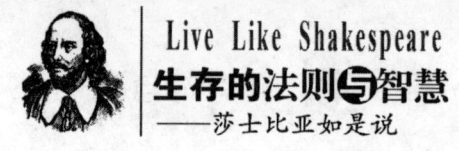

大麻烦,你已经把他置于考验之中。

不要笼统地抱怨工作、社会,也不要抱怨周围一切是多么糟糕。如果你总是抱怨说这世界是多么的扭曲,对你是多么的不公平,是怎么背叛了你,或者是怎样越来越糟糕,那你简直就是在邀请别人一起来把你看做外在力量可怜的牺牲品。过不了多久,你就会真的把你自己当做一个可怜的牺牲品。

假如有人同情你,对你的不幸表示关注,说"那确实不是你的错",或者说"问题就是出在消息不准确",要是你真想成条好汉,那就别接受别人帮你找的借口。

谢谢这人的关照,不过要说明那确实是你自己的错,你的职责就是发现准确消息,"不犯错是我分内的事。"

### 3. 不要臧否别人

在背后对别人指手画脚,说三道四,只能表明你是个小人。这让人感觉你没有更值得做的事去做,或者让人感觉你怯于面对他们。想尽办法让自己躲在幕后绝非核心人物应该做的事情。

我们通常把那些怨艾之人看做是畏缩的人物,这些人想尽办法让自己不成为众矢之的。然而,躲藏起来或者蜷在某个角落说闲话绝非有力有为者的表现。

### 4. 信守诺言

如果你动念说你不想守信了,我建议你千万不要这么做。不管出于什么原因,如果你失信于人,你应该明白,你得承认自己失败了。在规定时间内无法兑现诺言的话,你应该重提诺言,解释清楚为什么你无法按时兑现。永远不要心存侥幸,认为诺言会不知不觉偷偷溜走了,根本没有这种可能性,别人不可能非常愉快地忘记你许下的诺言。如果你遮掩躲藏,别人照样不会很愉快地忘掉它。

### 5. 注意自己的语言

说话简洁是胜利者的象征,当你谈论计划、谈论工作完成情况、谈论

# 第一章 坚持做自己
## Live Like Shakespeare

事情为什么做砸了时,你都应该简洁地去说。

人们通常都滔滔不绝地谈论他们要做的事情,似乎他们事先就在为结果的正确性作论证。事实上他们对自己能做什么事情不是特别有把握。他们谈论得太多,而事情还都没做呢。

喋喋不休地回忆过去的成绩,其实也是一种不正常的行为反应。这传递了一个信息:这个人可能后面做不出什么更多成绩了。

说出一大堆理由为自己辩护,只能证明你是失败者。我们都很钦佩电视镜头前的运动员,"我今天说了,因为那家伙太牛了",或者说"没什么好说的,他们把我们打败了"。

6. 记住,你做的任何事情都操之在己,而非外力

如果你不想做某件事,应该说"我更愿做……",而不说"我不能……"你要表示出你永远是在自己作出选择,而不是由外力推着你去做什么事情。

你应该说"我自己不打算做那份工作",而不是说"我不得不离开那地方"。你应该说"关系不灵了",这样听起来你更像一个赢家,不要抱怨说"他对我不公"。

### 宿命与意志

每个人都有能力安排自己的生活,这是现代社会一条基本的成功定律。不过这一条定律在莎士比亚时代是以一种特定的方式发挥作用的。从中世纪到莎士比亚时期,关于人生的基本观点是宿命论。这种观点认为人天生就是为了一定目的,注定要处在某一位置,一个人有责任去实现自己命定的角色任务,而不应该去试图改变。

基于这种宿命观点,人们相信,整体来说外力是不可控制的,他们相信预言,相信自然界各种征兆,相信星相。周围的人的生活注定是无力改变的,轻微的传染病可能意味着死亡,贫穷几乎是无法克服的。如果某个

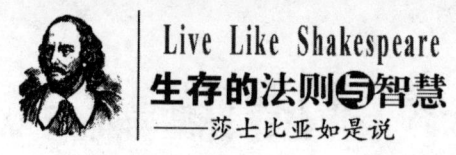

Live Like Shakespeare
生存的法则与智慧
——莎士比亚如是说

人不隶属于某一合适的社会阶层，那么他在社会上就毫无地位可言。成千上万的人像垃圾一样被焚烧掉，像罪犯一样被绞死，根本没机会接受像现代法庭这样的审判。瘟疫不时降临，许多妇女死于生产中。许多人相信，伊丽莎白一世自己不结婚，就是为了避免生产。

莎士比亚强烈反对这种宿命论，并因此而著称于世。他推崇名誉和财富是由自己操纵的，他竭力使人们相信人"是其命运的主人"，自己的命运不决定于自己所属的星相，而在于我们自己。在很多时候，当一个人抱怨自己命运不好时，莎士比亚笔下总会出现另外一个人物，斥责这个人过于相信命运，而不相信自己。他认为最有意思的人物就是那些宣称生活唯一正确的道路就是对自己生活承担起责任的人。

莎士比亚不愧为人类尊严的大师，人在为自己的生命承担起责任时，也就为自己争得了荣耀。莎翁笔下的人物，不管我们是爱是憎，都有勇气站起来生活。

### 承担责任是力量的源泉

在现代社会中，还是有许多人并不知道承担责任或者并不敢去承担责任，许多人一开始总是去抱怨别人。自己失败了，他们抱怨别人，情绪不好时，他们也照样抱怨别人。但是，这样做的结果常常使自己的压力更大，有时甚至对整个事情感到束手无策。因为他们并没有回头去想一想，就算是外界有千百条原因导致他们失败，没有自己的介入，这些原因也并不能单独构成失败。相反，正是在这种抱怨中，失败者丧失了寻找原因挽回失败的机会，因为他把时间白白地浪费在抱怨之中。反之，一个反躬自省的人，他不会浪费时间去推诿责任。因而，这种人有更多的时间去专心把事情做好。即便是失败了，也会很快地转败为胜。

# 第一章 坚持做自己
## Live Like Shakespeare

## 法则二　先察言观色再做事

> 一定要学会选择合适的方式表达自己的情感。有的人并不在意你处于什么样的情感状态，有的人甚至对你所处的情感状态极为反感。假如你要表达你强烈的情感，即便你自己这时非常看重它，也应该适当留心别人的反应。

尤里斯·恺撒依靠自己的努力登上了皇帝宝座，不久就成为罗马帝国最伟大的皇帝。在整整9年的时间里，他打退了罗马帝国的敌人，并把版图扩展到了西欧和大不列颠。

在其胜利的顶峰，他自然而然地进军罗马。他降服了罗马的敌人，赢得了普通市民的拥戴，获取了全部权力。到处都在称颂他人格圣洁，人们铸币以纪念他，并把他的塑像放进了圣贤祠，人们还以他的名字来命名7月，恺撒成了皇帝的同义词。

不过，贵族中许多人还是对恺撒既憎恨又嫉妒，贵族中有一个派别就很担心恺撒会建立世袭君主制。恺撒在罗马的主要敌人是吉奥斯·喀修斯长老，他说服恺撒最亲爱的朋友勃鲁托斯和贵族中的一个派别暗杀恺撒，因为他认为恺撒对共和构成了威胁。

公元44年3月15日，由喀修斯和勃鲁托斯领导的一伙人包围了元老院，刺死了恺撒。

莎士比亚的戏剧《尤里斯·恺撒》正是基于过去对恺撒生活的记述，描绘了整个阴谋酝酿的过程，恺撒之被杀，以及最后之复仇。

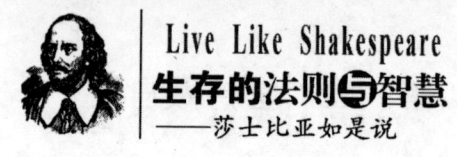

在戏剧中，恺撒感情激越，预感到要大祸临头，喀修斯几乎不敢正面见他。不过恺撒犯下了一个大错，结果葬送了他的生命。他无视有关恐怖情况的传言，尽管他的内在直觉告诉他要小心喀修斯。他不理睬各种传言，不把这些传言当回事，也没认真作些必要的防备。

显然，喀修斯对恺撒的危险远比表面看上去的还要危险。在表面状况背后潜伏的那些东西会极大地危害恺撒，他本该凭直觉停下来检视一番，并明白这股危险的因由来去。

然而恺撒拒绝认真对待这种直觉，对自己的反应他连想都不想。看得出来，恺撒为自己的伟大所折服，不喜欢表现得胆小怕事。他告诫自己，自己绝不该成为畏首畏尾的人。当然，他也承认，如果说害怕什么人的话，这人就是喀修斯。

> 如果说我的名字曾和恐惧有连的话，
> 我真不知道我该避开什么人。
> 当然可能也有例外，那就是喀修斯。

恺撒强作镇静，舍生忘死，奋不顾身的精神状态至死未变。在去元老院的途中，一名忠诚的追随者塞给他一张纸条，揭露刺杀阴谋，并敦促他说，为了他，他应该马上把这张纸条念一遍。恺撒拒绝了，他认为：

### 凡伤害我们的事情也必会为我们服务

恺撒最大的失误就是拒绝倾听自身情感对他发出的警告，甚至连稍微用心去想上一想它意味着什么这一点他都没有做到。如果恺撒哪怕稍微尊重一下自己的感觉，关心一下情绪变化的因由，他完全可以及时揭穿喀修斯和勃鲁托斯的阴谋。

# 第一章 坚持做自己
## Live Like Shakespeare

### 情绪是最早的危险信号

自然，在日常生活中，你不必像恺撒对付长老院那样去紧张地生活，我们也但愿你不会遇到一个后来证明是凶手的朋友让你伤脑筋。所以有时对自己的情绪认识不清也并不至于让你头破血流。不过，一个人的情绪终归是天然的危险征兆，它能给你提供不少线索与暗示。你的人际关系和谐吗？别人支持你吗？你能完成这件事吗？你仍在苦苦维持一些无益或无望的人际关系吗？在所有的复杂关系中，你的情绪是你的指南。

恺撒没能利用好情绪线索，没能充分信任他的感觉，这是一个相当大的问题。他没有正视恐惧，因而没能正确地与该合作的人合作，他没搞明白谁该信任，谁不该信任。

### 保持活跃的情绪

一天之中，你的情绪可能在不断变化，你会时而感到恐惧，时而感到无助，时而充满信心，时而充满喜悦，时而又为爱人之心和怜悯之情所支配。这些情绪恍若云烟，稍纵即逝。

人的内在情感生活是非常丰富的，我们不断地经历着恐惧、爱、愤怒、欣喜、憎恨等不同的情绪。各人的情绪千奇百态，这是不足为奇的。人有七情六欲，这才是真正的生活。

正是因为有了不同的情感体验，你的生活才真正有意义。如果没有各种各样的情感与情绪，你的生命力就会逐渐消减，你的生活就不会那么完满。一个人如果强制压抑自己的情绪，那他无异于欺骗自己。

人的丰富情感可以使你的生活丰富多彩，七情六欲生来就是为了丰富人的生活的，缺乏七情六欲的人会过得非常悲哀，就像一个小孩不能感知什么是疼痛一样。

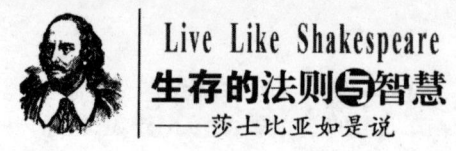

或许你对你的某些感觉非常满意,你感到自己强健有力,很有能力,非常年轻,尽管你其实已经不小了,这些感觉仍会使你感到非常愉快。有的时候,你会感受到别人很希望和你在一起,这种感觉并不难获得——爱人的浅浅一笑,下班回家时爱犬摇着尾巴迎上来。这种时候,相信一股暖意会油然涌上你的心头。

有的时候,你会感到情绪低沉,爱人和老板看起来闷闷不乐,你非常喜欢某个人,可是你和他打招呼时,他却心不在焉,这时候,你会马上感到很失败。这样的坏情绪,你当然不愿拥有,不过谁又愿意拥有呢?不管怎么说,你首先得有勇气面对这些情绪,不能一遇到这种情况就发憷。

### 就算勃然大怒也没什么可怕

人害怕面对不良情绪的一个主要原因是因为害怕在这种情绪状态下他们会做出以后会让自己感到后悔的举动,或者是担心自己根本无法应付,所以他们就极力压制这些情绪,尤其是容易抑制自己的怒气,压抑自己的性欲。

人们这样做是为了减少生活的波折跌宕,而事实却证明过于压制自己的情绪会付出很高的代价。如果我们一味否认我们有七情六欲,就把我们的生活体验简单化了,就会变得和别人有些隔膜。无视自己的情感,会使我们丧失在这个世界上生活的能力。我们会变成一个盲人,我们会失去方向。我们需要运用我们的情感让自己过一种正常的生活,理性地去行动。

比如说,假如我们知道我们因为某件事而对某个人暴跳如雷,而我们只要能承认自己的确处于这种精神状态,那么就有可能避免做出冲动性的行为。有些消极情绪很有可能会驱使我们做出不利的事情,但如果我们承认存在这种情绪,我们就有可能设法避免。比如说,我们发现我们对某个人有性的渴望,我们就会及早采取措施,避免令人尴尬的事情。

# 第一章 坚持做自己
## Live Like Shakespeare

### 学会调整情绪

再好的心理医生也只不过是给你提供参考意见，只有你才能真正知道自己处于什么样的状态，这一点别人是无法替代的。当你学会准确地判断自己所处的情绪状态后，你就会作出合适的决定来有效地为你服务。每个人最好都能够成为自己的心理医生，能洞悉自己的情绪变化是非常重要的。

假定某个商业伙伴向你暗示他很烦你，而你察觉不到这种情绪，你就不可能去调整自己的行为。对他来说，要不就是你说话太快，要不就是你言不及义，而你居然对此一无所知，你二人的谈判结果就可想而知了。而如果你察觉到他的这种情绪变化，你就不至于手忙脚乱，你会中断谈判，想一想他为什么会失去耐心，你会反躬自问："这时候和他谈合适吗？"这样的细节似乎是一个小问题，但做得好就会马上赢得对手的尊重，你就可以以最佳的状态和对手谈判，你就会有更多的希望完成交易。你怎样感受生活，就怎样把握生活。

### 你的情感生活应该健康丰富

许多人的情感生活丰富多彩，却并不知道如何向别人表达自己的情感。而另外一些人，对自己的情感变化很敏感，但有时候反应并不过于强烈。

如果你是后一类人，你就会非常看重在你周围发生的任何事情。无论人们做了什么还是说了什么，也无论这些事情是否与你有关，你都会做出相应的反应。这样一种情况，从好的方面讲，表明你情感生活非常丰富，从坏的方面讲，你会把你感到遗憾的任何事情都讲出来。如果你不注意加以选择约束的话，你会感到非常烦恼。如果你对别人也是这样，别人会很

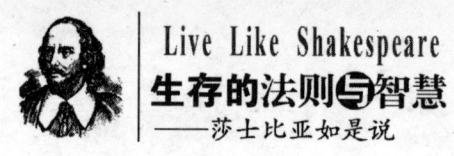

## Live Like Shakespeare
### 生存的法则与智慧
——莎士比亚如是说

难容忍你,一个人如果对任何事情反应都过于强烈,他甚至会把别人逼疯。理解自己的情感,欣赏自己的情感,当然会使自己过得非常愉快,但是,一定要学会选择合适的方式表达自己的情感。有的人并不在意你处于什么样的情感状态,有的人甚至对于你所处的情感状态极为反感。假如你要表达你强烈的情感,即便你自己这时非常看重它,也应该适当留心别人的反应。

比如说,假如一个项目失败了,你不时表达你强烈的愤怒,人们就可能觉得你是一个饶舌的人。又比如说,假如办公室来了一个新人,你又表现得过于热情,尽管你只不过是向新同事表示友好之情,人们也会误以为你是在讨好新同事。在这些例子中,你的热情只不过是一种典型的情感表达方式。但是,水平较低的人们却会认为你出格。有时候,即便你只是在一瞬间表达了你的愤怒之情,随即马上平静下来,别人也有可能认为你难以相处,或认为你不善于控制自己。你的情绪变化,在你是一时的,但在别人那里,却会被长久地记住。

情感丰富的人应该记住,小心不要让自己的某种情感过于占上风。不要让别人对你形成偏见。

如果你强调某些令人不甚愉快的情感。比如说,你经常对无视你的人表示愤怒,嫉妒你的朋友,或对拖沓的人表现出不耐烦,那么你的情感表达就有些过头了。

要经常注意反思自己的情感表达,避免把自己的沮丧情绪归结为客观原因,这样的话,你的情感状况才会日渐好转,避免陷入抱怨与自怨的怪圈。

### 接受他人的丰富情感

像尊重自己的情感一样尊重他人的情感,在鼓励自己充分表达自己的

## 第一章 坚持做自己
### Live Like Shakespeare

情感反应时，也要做好准备接受别人的情绪反应，鼓励别人谈一谈他们自己的感受。

假如你批评某个朋友，认为他不应该过于喜欢某一类人，或者不应该过于着迷于某一个异性，假如你因为某件小事而和朋友生气，你就是在自己与朋友之间制造鸿沟。你的朋友或许并不能意识到你对他的影响，但是他对你的信任却肯定会减少，他会在不知不觉中开始亲近那些接受他的人。

想要别人喜欢你，想要别人和你关系亲密，那就请你不要苛责别人。当我们受到伤害时，当我们受到其他人的不公正对待时，我们总会有一些朋友心平气和地对待我们。如果我们表现得十分生气时，这些朋友会马上想办法让我们转移怒气，或者暗示我们不要表现得那么不成熟，不要过于孩子气。

这些朋友这样做，是因为我们的愤怒之情让他们感到担心，失去冷静会比别人对我们的攻击更可怕，这些朋友提醒我们，不要总是由着性子走。他们知道：

**不管什么样的指责都会影响友谊。成熟不意味着情感贫乏。成熟仅仅意味着要遵循一定的信条去行动，意味着对丰富的情感要有所控制，要有节制、有选择地去行动。**

### 深入理解自己的情感生活

一个人只有在他懂得珍惜自己的情感时，他才会用心地去调理自己的情感。如果我们过于自责，我们往往会失掉了真实的自我。情感是自然发生的，需要我们因势利导。

**1. 你是不是个善待自己感情的人**

无论是自己的感情还是其他人的感情，如果你对它们充满恐惧的话，你在情感问题上就远远不合格。

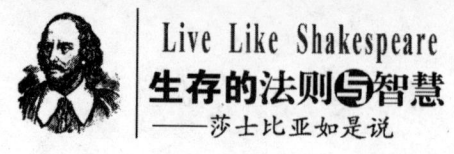

假如你发现自己总是想:"噢,不,我其实并不是那样认为的。"这种情况就表明,你极有可能隐藏了自己的真实感情。如果人们认为你沉稳、冷静或诡秘,那么你有可能就是上述这类情况。你的问题在于,对你来说情感是一个秘密。

不妨问一问自己,如果任由自己情感爆发,自己最害怕的会是什么。比如说,你是否承认并不喜欢自己的老板,是否承认对你所爱的人还心存苦恼。不管是什么样的情感,都不能强迫你做出某种破坏性的行为来,也没有哪种行为表明你是恶魔,或是一个不朽的人。不管你的情感多么怪异、不合时宜,你心里应该清楚,周围其他千百万的人也和你一样,会有许多怪异的、不合时宜的情感。大部分人除了他们表达出来的情感之外,还有其他许多非常强烈的情绪感受。这些感受可能言语难以表达,甚至非常怪异。但是,这并不意味着他们应该放纵自己的情感。

你可能有各种各样的强烈的情绪感受,而你只把其中的某些情绪感受表达出来,但你仍然可以断定,你能理解你的全部情感。健康的人能恨能爱,各种感情并行不悖,他珍惜自己的第一种情绪感受,不把所有情绪付诸行动。

**2. 学会理顺自己的情感**

不是所有的情绪感受都应该形诸于外,但你却可以允许自己体验任何一种情感,你应该向世人证明你不是一个冲动的人。如果你非常生气,或非常恐惧,或是坠入了爱河,不要一任情感的驱使,将这种情感表露在行动中,只有真正意识到自己该如何处理情感,才能够真正拥有全部情感,并利用它们来更好地为你服务。许多人装出一副寡欲的样子,其主要原因恐怕在于他们害怕承认自己的情感,担心一旦承认,他们会迫不及待地将其形诸于外。比如说,他们担心"如果他们憎恨某个人或者着迷于某个人,那他们会马上将这种情感表露出来"。事实却不是这样,如果我们知道我们拥有某种情感,我们就很少会在无意识中流露出这种情感。

即便你想将自己的情绪感受形诸于外,留一点儿时间先体验一下自己

## 第一章 坚持做自己
### Live Like Shakespeare

到底是什么样的一种情绪感受，这一点，仍然是非常重要的。

比如说，你将不得不和一个你不喜欢也不愿意见到的人会面，你决定打个电话取消这次会面，在这么做之前，不妨整理一下自己的感受："这家伙，肯定是谈一些麻烦的事情，我不想围着他转。"

坦诚地理解自己的真实感受，这会有利于你慎重行动。有些事情，你并不想做，但是如果一任情感驱使，你可能无意中就做出来了。仔细想过之后，你倒反而有可能对这个让你讨厌的家伙彬彬有礼，你也会找到合适的借口来推掉约会，你会说你确实非常忙，所以无法安排会面，这样的话，约会也取消了，但你并没有伤害他的自尊。当然，如果你还是不得不和他约会的话，那就去吧，不过，起码你已经多了一个选择。

做那么一丁点儿事情来稍稍改变目前的局面，总比唉声叹气、患得患失好。

同样，体验浪漫情绪也是非常重要的，要想充分体验温馨的感觉，最好的办法就是用言语把这种感觉讲出来，如果你不让自己充分体验这种感觉，不用言辞来把这种感觉表达出来，而只是急匆匆地忙事务，这显然是在敷衍自己，也是在敷衍他人，你不懂得如何体验自己的感觉。如果你的同伴对你说："我已经用千百种方法表示过我爱你，我为什么还要直接讲出来呢？"这种说法是很有害的，这种人几乎总是在遮掩自己的真实情感，就算是对自己，他们也不愿意承认自己有这种情感。他们从来不愿用言辞来表达自己的感受，这极有可能使他们渐渐失去与他人交流感情的机会。

### 3. 不要为任何不良情绪责备自己

如果你害怕、嫉妒，而你又蔑视自己的这些情绪，那你就应该重新审视自己对待这些情绪的态度。

这些不良情绪可能往往萦绕于心，挥之不去。也许你从来不愿意承认你孤单、想家。可你总是做噩梦，感到自己无家可归，心里空空荡荡。知道自己的感受总比不知道要好，一旦知道自己的感受，就算不能解决问题，起码你也不会觉得那么无助。

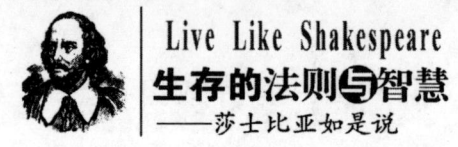

对比一下麦克白和他的妻子，因为杀死了邓肯王，他们二人都有一种负罪感，不过二人的体验却不尽相同。麦克白体会到这是一种罪恶，他把这种体验讲了出来，并为此而啜泣。然后，他勇敢地面对这件事情，抚平了心灵的创伤，然后又英勇地奋战下去。麦克白夫人从不承认自己有罪，并且嘲笑自己的丈夫是个懦夫，然而此后不久，她却精神崩溃了。

事实上，麦克白把失去与自己情感沟通的危险归诸于犯罪所带来的影响。他评价自己的所作所为时说：

要理解我的所作所为，最好不要去理解我自己，这是自我疏离的最好表述。

今天，这被心理学家称为：体验的隔断。

### 4. 不要嘲笑他人的情感

如果一个人嘲笑别人的情绪，当他自己遇到同样情况时，他自己就会显得非常尴尬。当一个人看到别人处于某种情绪状态时？他最好设法帮助别人淡化这种情绪，假如你嘲笑他人的痴迷，那么当你自己坠入爱河时，你就会羞于承认。如果你认为别人的恐惧情感显得非常可笑，那么当你自己情绪紧张时，你也就无法合理地对待。你怎样嘲笑别人，事实上也就是在怎样嘲笑自己。

### 5. 不要期望自己的情绪一直平稳

有时候，你会发现你爱的人正对你发怒，而另外一些时候，你所憎恨的人却和你一样对某些事情报有同样的好感。

人的情绪总是在不停波动，如果你声称，你总是对你的朋友怀着善意，而且从来不曾敬佩过你所憎恨的人，那你无疑是在欺骗自己。再可恶的敌人，也有可能开一个让你开心的玩笑，你也不免有时会和他一同开怀大笑，没有人会否认这一点。如果你否认这一点，那就好像除了原配妻子外，对其他任何异性都没有性冲动一样。自然，你不可能永远是这样的。

不要试图否认你对他人感觉的不连续性，不要遮掩你的真实情感，要求自己内在情感总是前后一致，这显然是苛求自己。

# 第一章 坚持做自己
## Live Like Shakespeare

**6. 正视自己的情绪波动**

如果你有喝上一两杯的冲动，那自然是为了放松，为了寻求快乐，而不是为了驱除恐惧和愤怒。如果你感到沮丧，感到焦虑，那一定是有原因的。简单地对这种情感置之不理，并不利于你健康的生活。

几个兄弟经常出去喝上一场，或者聚在一起聊天交心，这样做，是为了遮掩彼此之间遇到的麻烦，正是为了这个目的，一群人才聚到一起来。如果这群人中的某个人或某几个人不够坦诚，其他人早晚会发现这一点的。如果你遇到了麻烦，那就请你留神，想办法去处理麻烦。

**7. 珍视自己的情感，即便它会给你带来痛苦**

引起痛苦的并不是感情本身，感情似乎天生就是要寻找一些不快乐的东西，所以你有必要正确地运用自己的感情，就像你有必要正确地使用身体的其他器官一样，你得警惕来自你自身和外部的各种危险。

如果一个危险信号反复出现，你就应该特别警觉了。比如说，如果你和某几个人在一起时，你觉得不自在，那么即便这些人对你非常友善，他们做事的方式可能已经对你构成威胁了。也许，你并没有清楚地意识到这一点，但你的情绪变化却已经向你表明了这一点。

有时候，你对朋友滔滔不绝，但他并没有在认真地听你讲，你讲的是什么，他一点儿也不记得。有时候，一个人微妙的暗示，他比你做事做得漂亮，你突然意识到自己处于这样一种反差对比中，你会感到空虚，也稍许有些沮丧。有时候，你明明已经做得相当不错，可是正是因为你做得不错，别人反而显得闷闷不乐。假如这些情况发生在你的老朋友身上，或者发生在老熟人身上，而你自己也突然意识到了这一点，并且确信自己的判断没有错，这种反差是挺令人尴尬的。不过，你的情绪总归属于自己，它不会向你隐瞒，它会向你披露某些真实的情况，所以你有必要珍视自己的情感，从情感的微妙变化中发现问题。我们对他人和外界情况的细微变化会作出本能的反应，有时甚至是一些让自己内心感到不愉快的反应，然而这些情绪反应却是最为敏捷的。它很真实地反映了我们对外界环境的评

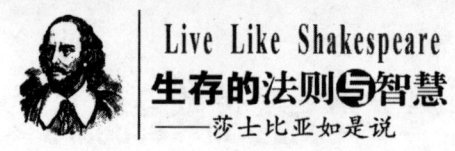

价,它向我们提供了必要的纵横坐标,指导我们积极去行动,我们应该为自己有这样敏锐的感受能力感到自豪,正因为有了这种敏锐的感受能力,我们才不至于显得那么愚笨、鲁钝。

莎士比亚也善于内省,对于自己的每一种情感变化,他都认真地加以对待,想办法妥善处理,或许正是这一点挽救了他的生命,尽管他生活在社会底层,周围充满着各种危险。

就我们能掌握的材料来看,和另外一些剧作家相比,莎士比亚的生活相对更为稳定、安全。莎士比亚的同伙,剧作家本·约翰逊参与决斗杀死了两个人,并因此入狱,险些被判处死刑。莎士比亚最大的竞争对手克里斯多夫·马尔罗也多次参与械斗,29岁那年谢世。剧作家们常常受到大众的攻击,不管他们说了什么,还是写了什么,总会有人出来挑刺,控告他们,甚至把他们送上法庭。

当然,戏剧和版税使莎士比亚受益匪浅,但是除此之外,是否还有其他一些什么东西救了莎士比亚呢?

可以肯定,他总是能准确地判断自己的情绪,这一点有助于他不断作出成功的选择。他能清醒地意识到自己对外界的强烈感受,能够审慎地选择表达情感的方式,因而能够避免感情冲动,做出过头的事情,避免做出对自己不利的行为,他能清楚地意识到,什么样的感情是一时冲动,并且知道有必要的时候战胜这种冲动。大部分时候,他是感情的主人。

# 第二章 为人处世

- 法则一　不要让别人认为欠你的
- 法则二　你好　我也好
- 法则三　没有人喜欢别人来挑自己的刺
- 法则四　恭维也是一门学问
- 法则五　说服他人如此简单

## 第二章 为人处世
Live Like Shakespeare

怜悯和同情心在莎士比亚那里占有非常重要的地位。在他看来，是否具有怜悯之心，对于人们行为做事具有至关重要的决定作用。善于同情别人的人，会发现世界充满爱。有了爱，便容易成功。那些无视他人存在的人，那些缺乏同情心的人，经常会为此付出代价。

人们对同情心有过不同界定，然而它如何发挥作用，如何影响人们的生活，却很少讨论。同情心是一种情感体验，它要求你去体验他人的感受。同时，它也是一种意愿，你得愿意去体验他人的感受。

不过，在现实生活中，我们如何恰当地表达自己的同情心，这本身还是需要一番斟酌。同情的基础就是我们应该认识到，每当我们对别人谈起什么事情时，我们不仅是在针对着他有意识的思想交谈，而且还是针对着他无意识的思想交谈。从某种意义上说，我们不仅仅是在针对一个人的理智谈话，而且是在针对他的心灵谈话。

心灵是人的无意识的思想，它能穿过人们的表面言词，理解背后的深层含义。对于这种言外之意敏感的人是最善于交流的人，别人也最愿意和他交流，和这样的人在一起，你会感到气氛非常融洽。毫无疑问，保不准你身边就有这样的人。他似乎总能准确地理解你的想法。每个人都愿意毫无拘束地和他交流，无须你张口，他就已经知道了你的好恶。

无论和你交往的人是你的至交，还是初次邂逅，你的行为都会深深地影响着他们的情绪，你会使他们感到自豪、睿智、年轻、光辉灿烂，你也可能会使他们感到自己受轻视、耻辱、老朽、风光不再。

他们会依照你对待他们的方式转而以同样的方式对待你。通常，在无意识之中，他们已经决定再也不想见到你，再也不必抬举你，再也不必把你介绍给你所珍爱的人。

当然，如果你暗合了他们的口味，你或许还没意识到，他们就已经在他们的生命中把你看得很重了。你将会从中大大受益，有了好的开头，你就会永远留在他们的记忆中。你或许没有文凭，但他们在下意识中会这样提醒自己，你可以克服这个缺陷。他们在下意识之中已经喜欢上了你，甚

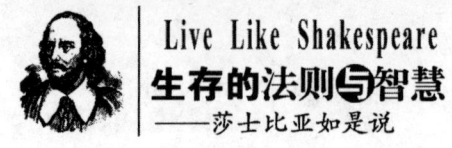

至于已经爱上了你。

　　在你的一生里，要么是结交很多朋友，要么是树立了很多敌人。如果你处处树敌，就算人们看得起你，就算你魅力四射，光彩夺目，你也不能得到应有的收获。你会经常莫名其妙地发现你不受欢迎。你或许会在某个地方有很多亲戚，但是当你到了那里后，你会发现人们只是礼节性地邀请你到家做一次客，然后就再也没人愿意主动理睬你。

　　一些本来非常友善的关系，也会因为你的行为在不知不觉中慢慢变质。有时，这种变化会让你觉得不甚公平。一开始的时候，你的朋友和你关系密切，他非常尊敬你，让你并没有意识到变化，但他在下意识之中感到两人关系中有些让人不甚满意的因素。比如说，你常常告诉他，说他过于情绪化，或者给他一种错觉，让他觉得没有了你就没有了他今天的一切，那么他在下意识之中就会慢慢地把你视为敌人。尽管他一直非常爱你。有了这么一段长时期的不健康关系，他对你的爱就会消失殆尽。你会为此付出惨痛代价。

　　通常情况下，经过一段时间的发展，无意识的情绪就会转化为有意识的行为。无意识的情绪总会有一个生命周期，积累到一定时候，就会爆发出来。

　　在人际关系中，你的命运取决于你如何影响别人的下意识。你有必要将别人的下意识思想视若神明，它在操纵着你的命运。

　　尽管莎士比亚对无意识未置一词，然而通过他的作品，他第一次给无意识下了定义，他常常用无意识来表现主人公潜藏的动机。他形象生动地描绘了人们的无意识思想如何为自己迎来了朋友，又如何为自己树立了敌人。通过他笔下的戏剧人物，我们清晰地看到，无意识怎样影响着人的命运。

　　在莎士比亚时代，无意识在人际交往中所起的作用，或许可以用一句古语来总结："你怎样对待别人，别人也就怎样对待你。"这一普遍真理展开来就是："请记住，和你一样，别人在下意识地作出反应。每天，别人

## 第二章 为人处世
## Live Like Shakespeare

对你留下成千上万的不同印象,怎么能指望别人比你迟钝、没你敏感呢?"

比如说,我们通常会说,约会时不能迟到,因为这样对别人不礼貌。有些人厌恶等人,或许仅仅是因为一些表面原因,比如说,外面挺冷的,等人挺烦的。

不过,他们讨厌等人还有一些深层原因,这些原因深藏于人的下意识之中。你迟到会给别人形成这样的印象:"你的事没有我的事重要,或者你没有别人重要",或者"我犯不着为你守时"。

别人下意识之中感到受冷落,甚或感到屈辱,因为丢了面子,即便他有可能知道这不是故意的,他也会倾向于误认为这是一种挑衅行为。

因为他理解因果这一概念,别人怎样看待你,首先是因为你怎样看待他们,你先对他们表示冷淡,随后他们才会冷淡你;因为先有了你对他们的看法,他们才会感到自己做得并不完美,才会觉得你不照顾他们的情绪。这种因果关系是相互造就的。

尊重他人的下意识,这本身就表明你已经意识到自己不再是学堂里的小孩。你周围的人已经不是在校时的那些人了。那时候,老师也罢,父母也罢,他们生来就是为了你,就是要帮助你成功。而现在,没人再关心你是否成功。促使你成功,或者对你的优点加以表扬,已经不是周围人分内的事了。

善待他人的下意识,也就是在帮助他人,让他们感到舒服。如果你尊重一个人,如果你以他们为荣,即便你是下意识的,别人也会马上感觉到。

如果人们觉得你并不体谅他们,你并不和他们同喜共悲,他们就会离你远远的。如果你希望他们有不一样的表现,比如说,你希望他们采纳你的意见,那他们就会马上察觉你的愿望。留住朋友的一个秘诀就是,学会善待他们的下意识,学会理解他们的下意识。

善待他人的下意识,并高度评价别人的这种意愿,这是你成功交往的开始。现在,你会发现他们比看起来更聪明。

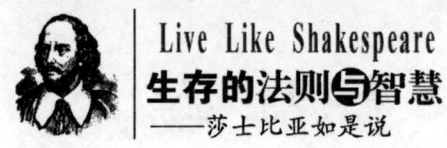

本章将会举例说明如何通过善待别人的下意识来保持友谊。让人们自由表达情感，承认他们的情感，与他们同喜共悲，对此，莎士比亚就有过不少的表达。

# 第二章 为人处世
Live Like Shakespeare

## 法则一　不要让别人认为欠你的

　　谁也不想与必须对之承担各种义务的人在一起，爱情的本质就是自由，并通过爱人的眼神来欣赏自己的伟大。

　　如果你觉得想向家人或爱人诉说自己为他们所做过的事，那请你务必约束自己，请你静下心来想一想，为什么会有这种想法，是什么促使你想这么做。

　　在日常生活中，我们经常会遇到一些夫妇，他们总是处理不好彼此间的关系。如果你和他们聊得久了，就有可能发现其中有一方会向你滔滔不绝地抱怨："这么多年，我都是为了他（她）。"这样的抱怨，我们总是会遇到，有一位女士就曾当着我的面数落自己丈夫说："为了你拿下学位，我只好坚持上班，等你学位拿到了，我也错过了接受培训的机会。"还有一位丈夫总是埋怨妻子说："看你那些烂朋友，耗去了我那么多时间，我这是图个啥？"

　　一旦翻起旧账，互相要告诉对方，认为自己付出的太多，那么夫妻之间的关系就会僵持在那里，缺少有益的进展。

　　付账单的一方会大喊大叫，另一方免不了会感到受到攻击，感到无助无望。数落的一方总认为自己这样做是因为爱对方，听对方数落的人却总是心怀怨恨，因为他本能地知道对方这样大喊大叫、大哭大闹并不是为了自己，他们不过是自悲自怜。

　　如果被数落的一方个性非常强，等不及对方数落完，两人之间就会爆

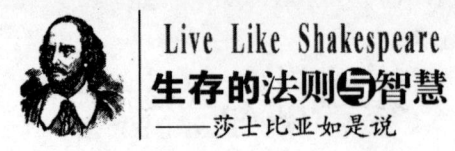

发一场战争。"你这是抬举我的朋友？这么多年我是怎样忍受你歇斯底里的母亲的！"

不过更多情况下，被数落的一方会报之以沉默，以表示他的愤怒，似乎是要通过这种方式来诉求公正。

### 让人感觉欠了自己人情的冲动

提起上面的这个话题，让人禁不住想到莎士比亚戏剧中的一个人物。《第十二夜》的主人公名叫安东尼奥，他是一个老船长，一生做了许多好事，曾经救起了赛贝斯。在一场海难中，年轻的赛贝斯坠入大海，奄奄一息，安东尼奥奋不顾身把他救了出来，并且借给了他一笔钱，帮助他重新开始生活。

随着剧情的发展，人们认定安东尼奥是一个海盗，并且决定要处死他。在此生死关头，安东尼奥请求赛贝斯归还借款。不过，《第十二夜》的剧情异常复杂，误会接踵发生，安东尼奥以为他就是在跟赛贝斯谈话，而事实上，他是在跟赛贝斯的孪生兄弟谈话，而赛贝斯的弟弟从来没有见过他，因而自然不可能清还债务。这一点不难理解，在他看来，根本就没有这回事。

安东尼奥所面临的处境，如果换了别的人，肯定会为这种背信弃义而大为震惊，也会马上把自己为对方所做的一切悉数抖搂出来，然而安东尼奥战胜了这种冲动。他坚信，如果一个善行本身不足以说服人，那么说再多的话也徒劳无益。他只是默默地自言自语：

> 不要夸口说，
> 自己是一个如何了不得的人，
> 也无须向你仔细数落，
> 我为你做了什么样的好事。

## 第二章 为人处世
Live Like Shakespeare

真诚地希望那些老爱数落人、诉说自己付出太多的人，学一学安东尼奥，不管你为别人做了什么样的善事，掰着指头津津乐道总是不太合适的。

不过，好多时候，我们还很难说服别人，让他们明白永远是一个不明智的策略。

### 不要害怕别人遗忘了自己

在当今这样一个时代，人们越来越在想尽各种办法以证实自己的存在，想尽办法让人们记住自己，传媒铺天盖地地塑造着各种明星人物，这就更加使得大多数人害怕别人忘了自己，害怕不被别人注意，许多人竟因此患上了遗忘恐惧症。人们总担心别人会忽略了自己的存在。因为在我们这样的一个时代，每个人越来越成为抽象的统计数字的一个部分，而在另一个方面，个人总愿意把自己所做的每一件小事都看得非常重要，似乎受到注意就是一切。在一些公共建筑群落里，我们不时会发现一些金色的铭牌，上面刻着"由×××捐赠"。人们总愿意将自己的名字留在显要位置上，以便后来的人长久地记住他们。当然，大部分的人会迅速被遗忘。

如果连我们最亲近的人也不欣赏我们，而我们又可以肯定这个事实，那么这种遗忘恐惧症就会加剧。

如果别人总是轻慢自己，我们大多数人总是会深受刺激，如果我们已经做了不少事情，而别人却想当然地批评我们，自然我们就会有一种冲动，想冲着这人大声呵斥，数落我们为他所做的一切事情。

一个缺少感激心的人会让我们觉得，不管我们做得多么好，也不会留下任何痕迹。

有一个女人非常憎恨她的母亲。她每年总是给她母亲买一大堆她母亲很喜欢的东西，这些东西虽然不算十分昂贵，却也足够珍贵。要不是她出钱来买的话，她母亲是绝对买不起的。然而，她母亲收到礼物后，却连敷

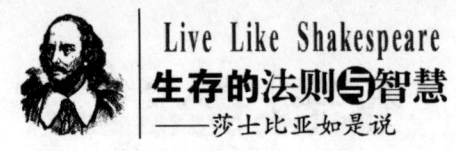

衍了事的感谢话也不说，而且还常常对她指手画脚，说她如何如何花了她的钱。

这位妇女感到非常委屈，她母亲对于自己为儿女所做的牺牲报怨得太多了。不过，这位妇女还是有她自己的处事原则的，因为她知道：一个人曾经为别人做了一些事情，而别人也为此心存感激，但是如果这个人总是炫耀自己为别人所做的好事，那么别人最终也会感到厌烦。

莎士比亚曾经称这种夸赞自己为他人所做善行的行为是"不合适的"。的确，就算我们没有夸口，我们说出来的每件事也是我们做过的，我们通常总是非常不理智地将之——罗列出来。一旦我们想把自己给别人所做的善行全部讲出来时，我们通常总是在受一种冲动情绪的支配，因而免不了显得稍许疯狂。

从本质上说，我们这是在企求别人的宽容。我们不过是在企求别人看重自己、热爱自己。然而这样做过之后，我们从来也不会感觉到自己更舒服些。

更为糟糕的是，我们会感到空虚，感到有些不够体面，这样一种行为，即便我们不是有所预谋的，别人也会觉得你另有所图。

历数过去我们为别人所做的事情，几乎毫无疑问地意味着，我们现在感到孤苦无助。一个人如果总是提起自己为别人所做的事，那不过证明他感到自己现在非常虚弱，需要从这些事汲取力量。

### 你需要什么：是要压过对方还是要赢得对方的爱

许多时候，你非常愤怒，甚至会觉得自己无须关心别人怎么想，历数自己对别人所做的好事就是这种行为。然而，你必须更深一层地看待自己，你应该理解你的这种行为意味着你对别人有所乞求。然而，你会感到非常失望，你的行为并不会导致别人对你宽宏谅解，也不会得到别人的爱。

如果你遇到的并不是这种情况,而是认为确实有必要发怒,那我劝你不要对着别人发怒,最好独自出去散散步,把你的损失归结于命运不济或判断失误。

当然,在大多数情况下,不得不承认我们的确非常关心别人的反应,的确希望我们所爱的人或我们的同事理解我们、承认我们。

在工作中,这或许与生计息息相关。我们做了什么,我们就希望自己的老板给予我们相应的肯定。

**不管在什么样的情况下,我们应该学会有效地影响别人,学会以合适的方式表达出我们为对方所做的工作。**

在大部分情况下,你历数自己为别人所做的一切,事实上你总是在让别人蒙羞。因此,影响别人的这种方式是最拙劣的,人们恨不得马上从你身边走开。你使他们觉得自己欠了人情,不能独立。你欺骗了他们的感觉,他们通常总愿意相信自己是一个不错的人,而你却把自己为他们所做的一切都说出来,让他们觉得自己不过如此。

这样你无异于在说别人需要你,离不开你,没了你,别人就不能成为一个完整的人。要知道,你这是在攻击他的体面,攻击他的荣耀与地位。你这是在试图让他觉得有欠于你,让他觉得自己对你负有责任。你这样无异于在说,他有今日完全是因为有了你,或者是在说,没有你就没有他。

### 谈话时不要露出孩子般无助的表情

告诉某个人你为他所做的一切,不过是为了让这个人感到自己无助无靠。如果你的成熟、内在价值与得当的行为并不能打动他人,那你就只有一条路可走了,你会想办法让别人觉得有欠于你,这是在诉诸他们的罪感。某些小孩通常爱用这样的花招,他们会想法挑起父母的罪感,尽管父母非常爱他们,他们会想法让父母着急,让父母觉得自己所做的还远远

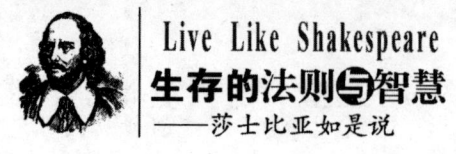

不够。

每当我看到人们在向别人历数自己为他们所做的事情时,我就会在他们脸上看到一种孩子似的表情。当他们用挖苦的言词诉说别人时,就有人会像小孩般地紧闭双眼,那表情似乎是在提醒别人:我为你做了那么多,而我自己所得到的回报却这么少。

1. 在办公室中

在商业上,准确地理解通过实力获得的信誉与告诉别人你为别人做了什么,这种区分是非常重要的。

在工作中,负责的态度就是通过进取性的行为建立起基本框架,并且赢得信誉,而且在犯下错误时应该接受批评,直至离职谢罪。老同志经常会发现很难赢得相应的信誉。你说话的声音、腔调会告诉你也会告诉别人你是赢得了应得的信誉,还是以小孩的口气去乞求信誉。

有许多人会发现,他们面临着一个经常性的问题,他们得面对自己的老板。如果老板采纳了你的意见或你的合同书,并且你因此而获得了信誉,或许你会因为这些主意或合同来自于你而感到高兴。不过非常遗憾,你并没有多少事可做,没有多少好处可捞,无数的员工指南书会给你提供不少意见,告诉你在这种情况下该怎么说、怎么做。不过,事实上,在这种情况下,如果你做了什么直接对抗老板的事情,他就会认为你背叛了他,会认为你想控制他。

很显然,在公共场合绝对不要和老板发生冲突,你可以试着在会后和老板交流一下。老板也许会在私下同意你的看法,甚至会在公开场合高度评价你。不过,老板可能会认为你不是一个"照顾团体荣誉的职员",他这样想意思是说,不错,你是做得可以,但是你不知道忍让。

不管你能否赢回点子的发明权,不过以这种方式来争取,你事实上已经输了一个回合。你的老板或许会认为你不是一个善于为他保守秘密的人。在实际的商业活动中暴露了他的"秘密",无疑于是在指责他无能。

许多善于处理这种关系的人,倾向于在这些事情上保持沉默,他们倾

第二章 为人处世
Live Like Shakespeare

向于着眼未来。如果你注重工作经历，并且在老板需要的时候压抑野心，你或许会在不经意中成为赢家，老板会在你将来的履历表中高度评价你，并成为你终生的商业朋友。

### 2. 要付出而不是要说服

做父母的通常都有一种强烈的冲动，想向孩子讲述他们为孩子所做的一切。如果他们觉得自己的孩子轻视自己，或者觉得孩子没有按他们希望的那样去行动，就会暗示孩子，让孩子觉得自己有负于父母，尤其是让孩子觉得自己在金钱方面有负于父母。他们总是会围绕"我们为你所作出的这一切牺牲"这一话题来和孩子谈话。

任何一个父母都倾向于这么做。不过，我发现生活过得并不特别如意的家长，尤其是那些有可能离婚的家长最有可能这么做。而且，通常做母亲的最容易这么做，而做父亲的虽说是孩子的监护人，却会给孩子更多自由，他们很少给孩子买奢侈品，他们通常总会设法让孩子以合适的方式成长。

许多男人在扮演这一角色时，会做得比较合适。比如说，他们会让孩子经常处于一种独立状态，并教育孩子正确地看待母亲，或者把她看做一个为大家操心的人，或者把她看做奋起保护大家的战士。

很显然，年幼的孩子们并不理解母亲是为生活上的细节问题担忧。或许母亲担心的是孩子如何作息，担心孩子是否吃饱穿暖。自然，孩子们会认为母亲扮演的是一种制定纪律的角色，他们要把积极的成人行为引入孩子的生活中。然而，在一个七八岁的孩子看来，父亲为自己买糖果、买玩具车要比母亲关心的这些琐事更有吸引力。

或许，在这种情况下，母亲更有理由对孩子说："看看我为你所做的一切"。这或许会使我们认为，父亲比母亲更可亲，不过大可不必这么想。几乎可以肯定，你的孩子非常热爱你，只不过他不这么明确地讲出来罢了。做母亲的总是数落自己为孩子所做的一切，这肯定会让孩子觉得难过，还会让孩子觉得你有些歇斯底里。不过，如果你坚守自己的职责，完

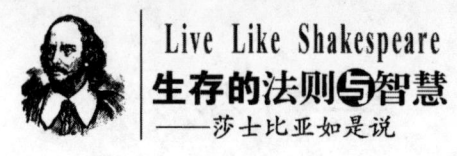

全可以肯定,将来某一天,你的孩子会高度评价你为他所做的一切。最终,你对孩子所做的这一切将会为你赢得尊重。

**3. 爱不应该意味着诉说付出**

任何时候,如果对你所爱的人有了一种诉说个人美德的冲动,那么毫无疑问,你一定是觉得自己被忽视了。最坏的情况是,你可能会觉得这人已经不爱你了。

如果有人看中了他,或者他心中确实已经有了别人,那么这时提醒他离开你,他什么也做不了,那是毫无意义的。几乎所有人都有一种孩子般的冲动,想提醒我们所爱的人,自己是多么无助,但是,这样做只能对你的对手有好处。

谁也不想与必须对之承担各种义务的人在一起,爱情的本质就是自由,并通过爱人的眼神来欣赏自己的伟大。

如果很不幸,他不再爱你了,那么你向他数落你为他所做的一切,只会更加降低你的价值。就算这个人把你数落的一切放在了心上,并且说"没错,你为我付出了很多,其中有很多我还没有意识到,我会和你在一起",即使这样,你也早晚会明白,你并没有真的赢得这个人。这人可能会和你在一起,但他并没有任何罪恶感。不过,如果他决意要离开你,那你这样做就显得更加糟糕。因为你的潜台词似乎是你并不需要他,而且似乎还等着他离开。

另一方面,在每一种恋爱关系中,都有一些心情不好的时候,都有你觉得自己不被对方所爱的时候,然而这样的时候早晚会过去。你们早晚会和好如初,而在心情不好时,提醒你的爱人你为他付出的一切,只会使你们二人的恶劣情绪延续得更长。不允许对方自己调理自己的情绪,这无疑是在把对方推开。

最后,如果你实在不幸爱上了一个天生无可救药的人,那就忘掉他吧,一个天生无可救药的人永远也不会让你觉得自己有价值,而你要求他记住你为他所做的有价值的行为只会使你觉得屈辱。

4. 问一声自己"为什么我需要这一信誉?"

如果你是在处理商务,那么信誉对你来说是非常必要的,只有有了信誉,才有可能成功。把你过去为别人所做的一切表达出来吧。不过,这样做时,请你一定要小心,不要流露出指责人的口气,你一定要专心地演好这一角色,不要在你的声调中表露出任何自恋的情绪。

如果你觉得想向家人或爱人诉说自己为他们所做过的事,那请你务必约束自己,请你静下心来想一想,为什么会有这种想法,是什么促使你想这么做。

5. 不用向他人显示你的恩惠,照样可以说服他人

和人谈话,是什么事就谈什么事。一般说来,搬出一些不相干的事来增强自己的说服力效果并不好。当然,对某些人来说,这可能成为一种生活方式。即使别人这么做,我也希望你不要这么做。

在有些家庭或办公室里,人们竞相以炫耀自己为别人做了什么来作为交流的主要形式。看清这种把戏,自己不要染上。

记住安东尼奥的方法,不管别人怎么做,一定要把自己送出去的人情留在心头,不把它拿出来向别人炫示。这样做,你会更加自信。

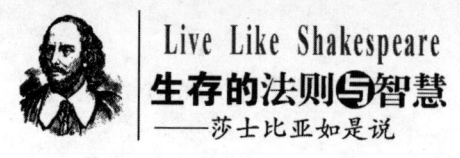

# 法则二 你好 我也好

> 他在我们身上唤起最良好的感觉。当他在场时,我们热爱自己,我们感到自己豪情满怀,无可比拟。福斯塔夫深知如何唤起他人的成就感。

莎士比亚最神奇的人物形象之一是那个上了年纪的、心宽体胖的福斯塔夫爵士。莎翁将他描述为一个自负、撒谎、无所事事的酒鬼,但他却是莎翁所有作品中最受人喜爱的人物。莎翁本人也一定对他情有独钟。他是莎翁杰出的艺术创造,其原形很可能是莎翁深知的一个没落贵族。

福斯塔夫在戏剧《亨利四世(上集)》中首次出现,当时他是一个四处流浪、喜欢调侃、办事不负责任的人。我们发现王位继承人、亨利四世的儿子威尔士亲王整日和他饮酒作乐、痛饮狂歌。虽然他们地位相差悬殊,但他们仍然互相欣赏,并且过从甚密。在整个戏剧中,我们发现福斯塔夫不断地制造恶作剧,捉弄别人,同时也被别人拿来取乐。

在戏剧《亨利四世(下集)》中,福斯塔夫再次出现,这时在他身上充满了生命的活力和热情。这个人物好像在莎翁的眼中已经成长起来,正如在观众的幻想中他在成长一样。女王伊丽莎白一世委托莎士比亚写一篇专门表现福斯塔夫的戏剧,这样就产生了戏剧《温莎的风流娘儿们》,在这篇戏剧中,福斯塔夫上升为一个中心人物。在《亨利五世》中谈到了福斯塔夫的死,这是一个真正的悲剧。

为什么福斯塔夫这个在现实生活中从来没有存在过的人物形象,会在

# 第二章 为人处世
## Live Like Shakespeare

莎翁的四部彼此分割的作品中反复出现呢？为什么他在莎翁的作品中占有如此重要的地位呢？为什么温迪会选择他作为他的伟大歌剧的主角呢？

一个原因是我们在福斯塔夫身上看到了自己，他好像一面镜子映照出我们。然而更重要的是我们在他面前看到了自身的价值，我们开始喜欢自己。他总是创造一种热情奔放、青春洋溢的氛围，让观众感到温暖与亲切，甚至感觉比他这个充满魅力的人更优越。我们被带入到他的自信之中，我们感觉到他喜欢我们，我们为此而骄傲。

福斯塔夫本人也认为自己是一个能使和他在一起的人感到变得聪明的天才。他认为这样做是非常重要的。他非常得意地宣称，我的机智不仅存在于自身，而且我是其他人显得机智的原因。

我们应该加上一句，他也是妇女感到变得机智的原因。他在我们身上唤起最良好的感觉。当他在场时，我们热爱自己，我们感到自己豪情满怀，无可比拟。福斯塔夫深知如何唤起他人的成就感。

## 爱人所以被爱

一个最普通的错误就是相信如果你让别人对你印象深刻，他们就会在你的生活中激励你继续前进，更上一个台阶。智慧和完美确实有它的价值。但是人们用来判断是否给人留下成功的印象的标准却是一个致命的错误。

用你的成功和洞见使别人眼花缭乱看起来像是你战胜别人并获得地位的显著方式。当然这也是你被告知终生服膺的准则，一定要让自己在群体中光芒四射。在学校里，你学会与其他同学相互竞争，你立志要成为全班出类拔萃的佼佼者，并且让别人都知道。这是你获得表扬的唯一方式。

一个细微的因素还没有进入你的生活中。在学校和邻里这个狭小的范围里，你并不需要那些被你打败的人。失去一个同学是无关紧要的。你的父母和学校在很大程度上也会站在你一边，如果你表现得很突出，他们会

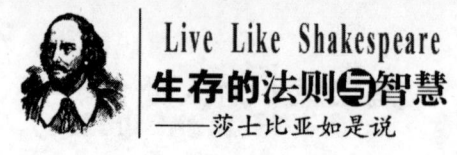

对你褒奖有加。但是,在现实世界中,事情往往不是这么简单。表现得杰出并不永远是好事:有一种真实的危险就是你会使别人感到失落。当你已经成年的时候,那些被你击败的人可能会伤害你。

**馅饼观念**

很多人对生活持有一种"馅饼观念"——所有的好东西加起来组成一个馅饼,如果你得到一块大的,别人就会得到一块小的。当好事情发生在你身上而没发生在他们身上时,这些人会自然而然产生一种失落感。如果你丢了二十磅,他们会感觉自己好像多了二十磅。换句话说,你的增益会使他们有所减损。

但是这种患有"馅饼神经病"的人并不会使他人在光芒四射的人面前感到自己黯然失色。在日常的接触和谈话中,如果你总是表现得比别人突出,就是那些精神健康的人也会认为自己被淹没在你的光芒之中。

记住,在任何会面之后,你所要关心的问题并不是"我做得多么好","我表现得怎样","我看起来怎样",而更重要的是你让别人在你面前感觉如何。

真正的成功者经常会问,"这个集体和里面的中心人物感到我尊重他们吗?""我让他们自我感觉良好吗?"或者"我剥夺了他们对自己的完美感觉吗?""如果他们计划以某种方式行事,我给予支持了吗?我让他们对自己的想法信心十足了吗?"例如,如果我正在和一个老年人会面,我让他感觉到自己青春焕发、老当益壮了吗?如果我正在和一个没有大学文凭的人谈话,我让他感觉到自己受过良好教育吗?

不要受这种"馅饼观念"的迷惑,不要总是暗示你的伟大会使别人显得很渺小。

# 第二章 为人处世
## Live Like Shakespeare

### 让和你面谈的人自我感觉良好

我的朋友不时打电话给我,只是和我谈一个即将到来的工作面试,或者是他努力获得的一个会计职位的面谈。在这个问题上你有什么金玉良言吗?

让和你面谈的人看起来很出色,这是一个非常重要的问题。给他一种印象,就是他问了最好的问题,做了最出色的工作。

每个人都应该为会见作充分的准备。如果他没有做好准备,那么无论如何都太晚了。但很多做了充分准备的人仍然在最后时刻丧失了机会,只是因为他们不了解他们的接见者作为一个人也需要自我感觉良好。谈话不要过快、过急,好像他不是一个人,或者你只是在那儿一味地证实自己的价值。不要让他埋没在你的话中。如果你的接见者提到自己的成功和经验,你就停下来表示很欣赏他的成功和经验。

### 注重"事后效果"

每一次会见真正的影响往往发生在会谈之后,可称之为"事后效果"。

这种"事后效果"是在你离开之后显现在其他人无意之中的感觉和印象的集合,它决定着你的成功和失败。正是这种在你的听众无意识中不断回响的印象,决定着他人是否喜欢你,是否尊重你,是否与你签订合同,是否打算和你第二次会面。

与其在旁观者的意识之中贴上你的智慧和迷人的标签,不如通过让他们感到自己迷人、年轻、耀眼,打动他们的无意识心理,这在你们的关系中很重要。如果你能让别人在无意识中喜欢他们自己,他们就会永远接受你。

留下一个良好的"事后效果",其他人就会对你趋之若鹜,就会喜欢

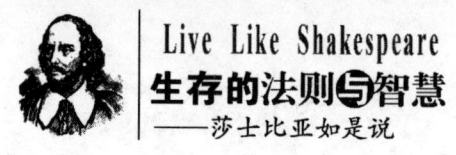

你、爱护你。留下一个否定的"事后效果",那么友谊之门就会永远对你关闭。那些起初对你印象深刻的人慢慢会意识到他总是不如人,总是低人一等。如果他感到你从来不关心有关他的任何问题,或者当他开口说话时,你总是充耳不闻,那么他慢慢地就会疏远你,甚至将你拒之门外。

那种认为机智和敏锐可以让你受人喜欢的观念和在任何领域你比别人稍强就会使人更加喜欢你的观念都是错误的。

你怎样才能使别人在你面前喜欢他们自己,这里是一些简单的规则:

1. **当别人说话时,你要保持一种看得见的投入**

不要自己谈话时生气勃勃,却利用别人的谈话时间去休息。有一些人在自己表演时总是看起来充满热情,而在别人表演时总是表情阴郁。不管这种情况有多么明显,他们都会影响每一个人的情绪,使别人士气低落。

2. **表现出自己的兴趣**

经常询问别人有关他们自己的问题,他们的成功经验,他们的兴趣爱好等等。这会显示出你对他们很感兴趣,尊重他们的价值。

3. **不要问一些"人口统计式"的问题**

"人口统计式"的问题是你在人口调查时才会发现的一连串问题。它们包括,"你多大年纪了?""你靠什么谋生啊?""你有自己的房子吗?""你用现金付费吗?""你有几个房间了?""有人和你谈天说地吗?"等等。

这些问题中有些可能对你来说显得很粗俗,高雅的人往往不屑于这样的问题。但是很多问题似乎已经约定俗成地成为你应该向别人提起的首要问题,除此之外,没有更好的方式来打破僵局。当你在鸡尾酒会或社交场合遇到新面孔时,你会自然而然地将这些问题脱口而出,唯有这样,你才能打破尴尬的局面。

然而,如果你仔细想一下,这些问题会给你带来不快,甚至超过你的想象。实际上,它们正是你对自己不得不参加甚至喜欢参加某个特定晚会时心存恐惧的一个原因。这些问题并不是你向一个初识的人展现自己的最好方式，它们实质上是一种侵犯，使很多人感到不舒服。它们使人们处于一种不得不给出直接的、真实的回答的尴尬境地。

往最好处想，你的听众会考虑你的问题，并像以前成千上万次所做的那样回答你的问题，同时带着自己的烦躁和无可奈何。从最坏处想，他们可能认为这种问题是对他们的侵犯。也许他们并不喜欢自己被迫提供的答案，假设他们比你年纪大，或者他们邻里关系很差，或者他们对自己的工作并不满意，这时他会比遇见你之前更加沮丧，更加讨厌自己。他们感到在你面前很不舒服，即使他们并不知道为什么。

如果他们在自己虚荣心的驱使下对你撒谎，作为一种提高自己形象的方法，他们会说自己赚很多钱或者暗示自己出身于一个富裕的家庭，这样他们就会更加厌恶你，因为你迫使他们撒谎。

试着去谈论一些第三者的话题，这些话题可能是共同的爱好，新闻事件、体育赛事，或者是你都知道的社会事件。福斯塔夫就总是海阔天空，谈论各种人的话题，因此其他人就会在这些话题中展现自己。

这些"人口统计式"的话题可能会自动退出你们的谈话范围。事实也的确如此，如果你们经过长期接触彼此了解之后，自然不再谈论它们了。但是你仍要给别人自由，让他们随时提出这些问题，如果他们喜欢的话。

### 4. 不要转换话题

转移别人的谈话主题会让他们窒息。当别人正在讲话时，不要突然地转换谈话的焦点。

举例来说，如果有人正在讨论一个新的税收建议，而你对这些问题不感兴趣，不要大声地对这些人为什么讨论这样一个无法控制的主题提出异议。即使你通过向他们表示自己折服于他们渊博学识和深刻的洞察力而打断谈话，同样阻止了谈话的自然进程。

如果你并不通晓人们谈论的主题，只要保持安静就是了，一个新的主题很快就会出现。不要用一个新的主题来打断谈话的自然进程，即使你能

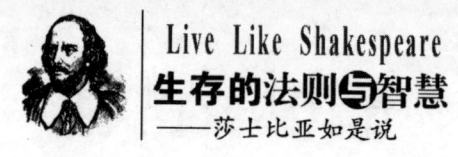

使自己的主题看起来与正在谈话的主题有联系。

### 5. 给别人足够的时间

当你和别人在一起时，要给他们一种感觉，你正全身心地和他们在一起。而不要让他们感到你一半心思在那儿，另一半心思在想着下一个约会。

如果你仅有有限的时间和他们在一起，你要尽早让他们知道。"小陈，我很快就会打电话给你，但我现在仅有几分钟和你谈话的时间，我要去参加一个会议。"

通过这种提前打招呼的方式可以提示别人，如果有问题的话尽量以简洁的方式向人提出。

但是更重要的是，你让他知道时间紧张是你不得不和他们简捷行事的原因。如果你直接将这种情况告诉他，即使这是一个事实，他也会毫无怨言。但是如果他从你的神色匆匆中感到这一点，那么各种无法控制的想法就会自然在他的头脑中产生。他会感到自己无足轻重或者认为你不喜欢他。其他的人因为不知道你为什么如此行色匆匆，可能会认为他让你厌烦。不要让别人认为你急于要结束和他的谈话，从而冒一种让别人对自己不满意的风险。

### 6. 不要随随便便将自己的故事加入别人的谈话中

如果一个人正在向你讲述他延误了飞机，不要紧跟着谈起你延误飞机的故事，更坏的是用这样的故事打断了他的谈话。这样做会使谈话的焦点从他身上转移到你身上。要允许别人用他自己的传奇经历去款待你。

当别人正在讲一个笑话时，一定要抑制自己的冲动去跟着讲述一个自己的笑话。

### 7. 谈话被打断，要提醒他继续讲下去

让他回忆起他讲到哪里并要求他继续讲下去。在一个集会中这样做的人正在传达一种信息，那就是演讲者有一些重要的有趣的东西吸引着他。这不仅是对他的尊重，而且也会使他充满自信。

## 8. 不要吝惜自己的赞扬

最后，当你真正被别人的学识和洞见所打动的时候，不要吝惜你的褒扬。要随时准备去说"我从来没想到这一点"。

福斯塔夫和他的天才对我具有特别重要的意义。我的父母在他们生活的起点和社会地位方面并不是很相似。我的父亲受过良好的教育，并且出身于一个富裕的家庭，而我的母亲却在中学刚毕业时就被迫去工作来帮助她的父母。毫无疑问，我的父亲对我的母亲的十个兄弟姐妹来说具有极大的魅力。而我的父亲实际上是一个蔑视一切、玩世不恭、爱耍小聪明的人。他总是喜欢说大话，一个十足的装腔作势的人。

在我还没有机会形成对他的印象之前，他就离我而去了。他从来不给家里一分钱，我母亲为了养家糊口，有一段时间甚至做过保姆。我父亲的特长就是让别人在他面前相形见绌，他总会让别人产生愧不如人的感觉，而我的母亲却使别人自我感觉良好。虽然我的父亲曾就读于某名牌大学，但他很快就让自己和整个家庭疏远了。他总是看起来很聪明，这使很多人渐渐地离他远去。

我17岁的时候遇见了他，他居住在城里的一个旅馆里，和我仅有一里之隔。可是在这17年里，他从未和我接触，甚至从未来看我在街上玩耍。这时他在所有方面都已经大不如前。他的可怜判断已经耗费了他的遗产，而他的法律实践也失败了，因为他总是过于自满。

在他的房间里，他努力用好话来打动我，说我还不成熟，还很愚蠢，并且暗示他自己是一个无所不知的天才。他告诉我他读了好多书，并且解释说他的贫穷是因为别人并不欣赏他的天才。我想，我的母亲也一定是他抱怨的对象。

我的母亲这时已经不再从事低级的文秘工作，她成为一个成功的律师的专职秘书。她毫不卖弄地以各种方式为他提供服务，并且不断地获得日益增加的回报。

可想而知，父母亲哪一个更让我亲近呢？

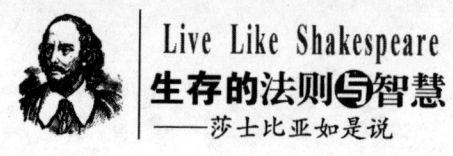

# Live Like Shakespeare
## 生存的法则与智慧
—— 莎士比亚如是说

  这些日子以来,我遇见了很多这类"世界上最聪明的人"。我发现他们作践着自己,即使在他们确信自己给遇见的人以深刻印象时也一样如此。我也观察到另外一些人,他们可能缺少一种天才,但却公开地向别人表示敬意和热爱,他们总是愿意对自己的朋友说"我从来没想到这一点"。这些人总是公开地接受别人,并且从不自夸,他们就像我们所热爱的福斯塔夫一样,使别人自我感觉良好。他们的自身也在慢慢成长,就像覆盖森林的一棵参天大树一样。

  在机智与体面的角逐之中,正如莎士比亚所暗示的,机智永远会占尽先机。

# 第二章 为人处世
LIVE LIKE Shakespeare

## 法则三　没有人喜欢别人来挑自己的刺

　　有提建议冲动的人自己的生活并不完美，他们知道自己的生活中有些事情不对头，但却找不到哪里不对头，因此，他们总是要去试图改变别人。

　　在当今大众传媒越来越重要的年代，莎士比亚的名字常常引起一种复杂的感情，许多人一听到这个名字，第一反应就是扭头便走。因为，在童年的时候，当别人把莎士比亚的戏剧，以及其他一些伟大的作品硬塞给他们时，他们就产生了一种非常强烈的抵触情绪。

　　虽然我们有些人长大成人以后慢慢地喜欢上了莎士比亚、贝多芬或马克·吐温，但这多半不是我们老师的功劳，实际上，很多时候这些老师破坏了我们天生的对伟大作品的喜爱。一般来说，老师总是用一种僵硬的、带有道德说教意味的口气来向我们讲授这些伟大的艺术家，而且，他们还总是暗示，如果我们不能理解这些东西，那我们就真是有些愚不可及了。

　　因此，我们就把莎士比亚及其他一些人当成了我们日常生活之外的人，和我们的日常生活没有什么关系，对许多人来说，莎士比亚同我们的老师一样，从来都是一本正经、不苟言笑的。

　　而且，我们自然而然地从我们自身寻找失败的原因，而不是从教育之中寻找失败的原因，我们把莎士比亚看做是沉重的负担，看做是学院中繁琐无聊的东西。

　　以这种面貌出现的莎士比亚恰恰不是真实的莎士比亚。莎士比亚常常

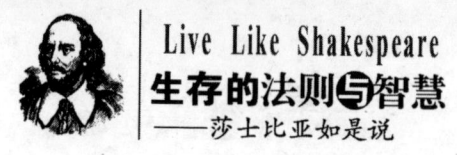

# Live Like Shakespeare
## 生存的法则与智慧
—— 莎士比亚如是说

是在小酒馆中高谈阔论，讲一些粗俗的笑话，还曾经被指控危害了人类的道德生活。他创作戏剧的唯一目的就是娱乐，人们去看他的戏，就像我们现在去看一场球赛或去看一场恐怖电影一样纯粹是为了娱乐。

莎士比亚不像他同时代的其他剧作家一样，还抱着一种道德说教的目的，可以说，莎士比亚的观点更加现代，他的戏剧的目的就是让观众到剧院里轻松一下，和现代的电影导演相比，他更近似于斯皮尔伯格而不同于法国的艺术派导演，他向观众提供的是性格鲜明、观众或爱或恨的人物。当他的戏剧在伦敦上演时，剧院里熙熙攘攘，人们又吃又喝，又吵又闹，甚至就像现在足球比赛一样，还要采取一些预防措施，防止发生动乱。就是给伊丽莎白女王演出时，那里也还是有吃喝玩乐、打情骂俏的事，完全不是那种正儿八经的英国绅士味道。

如同所有高明的心理学家一样，莎士比亚并不直接给人提建议。

心理学的目的就是为了帮助人们认清自己的真实处境，然后让人们自己去做选择。有些年轻的、热心的从业者常常过高地估计了他们的建议能给病人带来的益处，迫不及待地提出自己的建议。但是，如果病人并不能很好地遵从建议，即使是正确的建议也没有什么用处，比如，视力有问题时，可能需要校正眼睛本身，而不是外在的事物。

莎士比亚深谙此道，不仅如此，他还深知人类的其他许多天性，可以说，他从好多种意义上讲都是第一个大众心理学家，他已使用了无意识，他懂得压抑、升华等，不过也许他会否认他本人比他的观念更敏感的说法。

莎士比亚具有深刻的洞察力，但他并不急于把他想说的意思硬塞给我们，而是谨慎地安排他的戏剧，使得其深刻之处重复而又不露痕迹地呈现出来。他只是通过一个人的评论或通过一个人面对困境的反应而显示出一些真正深刻的东西，从而使我们自己去沉思，并得到一些无价的真理。

而这些都不是通过直接的建议形式给予我们的。莎士比亚对于喜欢提出建议的人实际上抱有一种反感的态度，从他早期的写作开始，一直到他

## 第二章 为人处世
Live Like Shakespeare

最后的作品，他都把喜欢提建议者当做愚蠢之徒，在他的戏剧中，喜欢给别人提建议的人，自己的生活却是一团糟，听者也是带着一种不耐烦的态度在听，而且从不把这种建议当真。

因此，我们总带着崇敬的态度聆听莎士比亚戏剧中著名的建议的台词，这其实是极大的讽刺。虽然这些台词包含着一些深刻的洞见，但最初它却是要刻画一个自负的、令人讨厌的建议者角色的。

日常的演说者往往没什么趣味，也不吸引人。

没有人喜欢听一个冗长的、不请自来的演说，不论它是否包含着一些有益的信息。然而从小教师就向我们灌输一些建议，好像我们一定会喜欢它们，没有它们我们就无法生活一样。灌输一些不请自来的建议，就像莎士比亚戏剧中的一些人物所做的那样，这些教师实际上是把莎士比亚当做一个他所嘲笑的人物，一个不请自来的建议者。莎士比亚期待的是，演员说出这些台词时观众会哄然大笑，不幸的是我们却正襟危坐，如同领取圣旨。

我们可列举一些非常知名的台词，比如：

永远不要借别人的钱，也不要借给别人钱；
借给别人钱的结果常常是既失去了钱，又失去了朋友；
借别人的钱则会使你不再知道勤俭持家；
最重要的是，要让别人对你诚实；
你必须永远不要对别人说谎。

毫无疑问，这是很好的建议，但是，如果你阅读完整个剧本，你会看到这完全是一些警告，让人循规蹈矩，小心谨慎。这些话是波洛涅斯在《哈姆雷特》中所说的，它恰是一种"像我们所说的那样去做，而不要像我所做的那样去做"的典型，波洛涅斯给他的儿子说什么是理想和友谊，要儿子按照这种思想交友，然而，在波洛涅斯自己的生活中，他却只是与

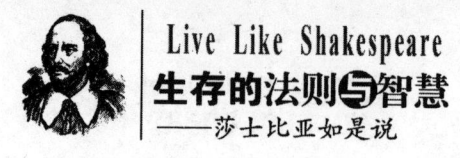

对他有用的人交往。不过无论怎么说,波洛涅斯的建议不能说是胡说八道,因此,像波洛涅斯这样的人有时我们也感到很令人费解。

**波洛涅斯:人们尊重他,却没有人喜欢他。**

波洛涅斯是丹麦国王的一个御医,他总是被向人们提出建议的热望折磨着。他本性上就是一个建议者,要向他的孩子提出建议,从职业上,他又是丹麦国王和王后的幕僚,要向国王和王后提出建议。我们感觉到,只要人们愿意听他说,他就非常乐意地提些建议,不过人们虽然听他说话,却从不当真。哈姆雷特就把他称作"烦人的老笨蛋",后来还借故把他杀了。

像莎士比亚的许多其他角色一样,波洛涅斯是一个特别复杂的人物。莎士比亚赋予这一自负、自私的人物以许多深刻的洞见,但这并不是因为莎士比亚具有这些洞见,并且忍不住一有机会就想告诉我们。首先,波洛涅斯是凭着其机智的话语在宫廷之中生活的,他要想得到提升,就得不断地察言观色,并且小心算计他的一些技巧的成功与失败。这样一个人随着年龄的增加,必定会积累很多有用的知识和技巧,事实上,他还不仅如此。

波洛涅斯的台词是莎士比亚戏剧中最著名的片断之一,人们评判扮演波洛涅斯的演员就常常是看他把波洛涅斯给他的儿子雷欧提斯提出建议这一幕表演得怎样,许多人想扮演波洛涅斯就是为了这段台词。评论家也常常把这段台词的表演看做是戏剧中重要的一幕。

然而,这段台词从根本上说完全是愚蠢至极,因为它必定是对牛弹琴。莎士比亚传达给我们的信息就是,即使是最好的建议,如果不分场合,也会毫无意义,并且令人生厌;这位父亲在他的儿子正要出发去法国的时候嘱咐他,观众意识到,如果这个年轻人能够听得进去,能够忍住不去借钱,能够对自己保持忠诚,他就不需要这些建议,如果他并不如此,如果他像我们一样是芸芸众生之一员,而且还太年轻,波洛涅斯这种临行嘱咐就不会有多大用处。其实,对波洛涅斯来说最好不过的是,拥抱自己

## 第二章 为人处世
### Live Like Shakespeare

的孩子，祝福他，并说他会很想念他，而不是啰嗦些无用的话。

**友谊的关键在于：理解人们而不是去改变人们。**

在那个我长大成人的地方，每一个人都急于向另一个人提出些建议，你只要一到街上，总会有一些成人告诉你什么事应该做，什么事不应该做。我们那里的人的最大愿望就是得到一份稳定的工作，最高的生活准则就是安分守己，我们这些孩子并不总是为未来担忧，我们的父母却总是担忧不止，他们总是期望我们要比他们更有作为，我几乎没有一天不是在大人的唠唠叨叨中度过的，他们总是询问我这一天做了什么，我应该做什么事，如果没有什么事好谈，他们就会说要做乖孩子等等。

在我们长到青年之前，我们许多小孩子也染上了父母亲的焦虑情绪，也成了喜欢建议者。我的一些朋友也开始向我建议这，建议那，如果我坐在体育场的第三区，他们就说最好是坐在第一区，如果我去做球童，他们就会说还是去卖法兰克福香肠好，如果我卖香肠，他们又会说卖记分卡更好一些。

像许多其他小孩一样，很自然地我也就和一些心态更加自然的人走到了一起，他们只是对我表示欢迎，并不告诉我应该做什么和不该做什么，也许必要的边缘化并不见得就必定比处在人们关注的中心不好，比如一大早人们就告诉你要穿什么样的衣服，要怎样成为一个乖孩子，你肯定不会觉得有什么好。

我记得很清楚，我的叔父、婶婶们围在一起，不停地问我在学校表现怎样，学习用功不用功，学习多长时间，我是不是在明亮的灯光下读书，否则的话会对眼睛不好，等等。

他们当中，只有一位叔叔无条件地欢迎我，当我们去散步的时候，他并没有告诉我这，告诉我那，他只是接受了我。我深深地记着他，因为对于他来说，我本来的样子就足够好，而和其他人相处的时候，我却总是感到自己做错了什么似的。

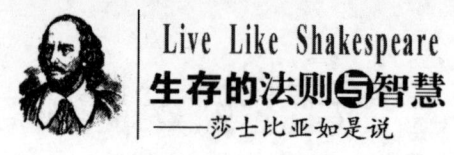

**人们总是期望被人理解而不是被人教导。**

对于这一点我现在知道得清楚了,但当时却不甚了解。虽然没有意识到这一点,我也已经对于喜欢建议者抱有一种厌恶的态度。现在,有时我看到一些心理医生对他们的病人说应该怎样生活,应该和谁约会,和谁结婚,应该怎样对待他的伴侣,我就感到一种厌恶。我确信,保持好的友谊关系不在于去想办法改变别人,而是理解别人。

当我去大学读书时,发现许多人智力和能力都非常高,却不愿意互相帮助,虽然不是由于特别理想的原因,归根到底建议这个东西是消隐了,或者至少可以说,人们并不通过告诉别人该如何生活来相互联系。

那时,我就无意识地在寻找仅仅是喜欢我的人,他们和我有一些共同的爱好,他们从不想改变我,我也不想改变他们,我们只是朋友,他们中间的一些好的建议是那些不请自来的建议远远不能相比的。

几年之后,我在北京大学攻读博士学位的时候,人们并不因为互相竞争而不相互提建议,而只是较少有提建议的冲动。他们大部分,没有遗传上急于证明自己的毛病。他们性情更加温和,看起来精力不太旺盛,不过却更加耐心,更加富有同情心,他们并不公开地竞争,也不互相提建议。他们也不像我邻居的小孩那样喜欢吹牛,好像是他们已习惯了成功,而且也习惯于别人处理自己的事。

就是在这时,我真正了解到仅仅安静地自己生活的人和急于给别人提建议的人之间的不同。我发觉许多成功的人从不把自己的精力浪费在给别人提建议上,他们是坚定的、有条理的和慷慨的。即使他们前途不定的时候,也能沉着地集中注意于生活中需要改进的东西。

当我和一些富于创造性的人们在一起工作时,比如演员、雕刻家、导演、艺术家、作家,我发觉更加成功一些的人很少对别人提建议。他们忙于提高自己的水平,完善自己的技巧,发现自己的不足。这些人和我的成长环境中那些人非常不同,那些人急于给人提建议,在给人提建议时,他

## 第二章 为人处世
Live Like Shakespeare

们从不在意别人的反应,实际上这并没有带来朋友,却是引来了敌人。

因此,在成功和爱提建议之间存在着一种否定的关系。

失败者总是不请自来地给人提建议,成功者则从不。

有提建议冲动的人自己的生活并不完美,他们知道他们的生活中有些事情不对头,但却找不到哪里不对头,因此,他们总是要去试图改变别人。

最喜欢给人建议的人是对自己的生活最不满意的人,他们急于告诉别人怎样生活,这就暴露了他们自己生活的不幸,他们试图改变别人,因为他们已无法改变自己了。

当一个人经常给别人一些别人不爱听的建议,我可以保证不论他怎样吹牛,他并不像他所说的那样成功。

相反,当有才能的人并不热心于给别人提建议,我却感到他们比他们自己愿意承认的更加成功。

这一秘密就在于,他们懂得友谊的关键在于你要成为一个理解者而不是批评者。

### 建议总是意味着一种批评

成功的人之所以成功,部分就在于他们能忍住告诉别人如何生活、该做何事的冲动。如果别人和他们有着不同的生活,他们只是注视他们,却并不发表评价。他们知道,适合于自己的生活也许并不适合于别人。

我们离开这些人后,会感到他们对我们有所帮助,而不像其他一些人,我们感到遇到后者还不如不遇到他们。

一些人急于告诉我们一些建议,意味着他们认为我们生活中有些事情不对头,我们会感到纳闷,我们生活中到底有什么事情不对头,我们有什么样的缺点,以致使得别人不厌其烦地告诉我们。

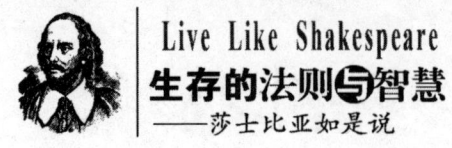

## 建议者的两种类型

1. 大声嚷嚷型。
2. 暗示型。

大声嚷嚷型的建议者总是教训我们应该注意这、注意那，他们这样做的潜台词是他们知道生活应该是怎样的，而且如果我们不遵照他们的建议，我们就必定会失败。

比如，有一个病人，他常常去一个四星级的饭店，并且常常大声地向饭店的老板抱怨道："你应该把灯弄得更高一些，这样的灯光，人们没法看到他们吃的是什么。"他还总感到纳闷，为什么老板看起来不大记得他的名字，而且对他不是特别热情。确实，大声嚷嚷的建议者从来不会停下来去问问别人怎么看待他们。

当有一个人说你应该做什么的时候。他实际上就是告诉你，你有些事情没有做对，你错过了生活中的根本的东西，你浪费了机会，等等，他是说，对于生活，他知道得比你更多。

暗示型的建议实际上更加有害，因为它们更加隐蔽。除了我们在生活中发现它们，我们实际上是无法躲开它们的，甚至不能发现它们的危害。结果会使我们感到我们非常愚笨。

他们总是说这样的话："难道有一天你不会对你没有小孩感到遗憾吗？"这话的言外之意就是，你最好还是要个小孩，否则你肯定哪里出毛病了。

或者，"现在找一个工作挺不容易的，你的老板也许并不是那么坏吧"。这是说，不管你混蛋的老板对你做了什么事情，你最好还是不要辞了工作吧。

或者，"喂，你吃的这些东西是多油脂的"。它意味着，如果你吃那些东西，你会变成一头肥猪。我就克制住不吃，所以变瘦了，你也应该像我一样。

我们总是感到，他们不仅仅是对我们的行为进行评价，他们是告诉我们，我们的判断力是贫乏的、低级的。

不论对嚷嚷型还是暗示型的建议者，我们的第一个反应也许是痛恨我们自己，进而畏缩不前。

进一步，如果我们能看出这些给我们带来了什么，也许会对别人感到愤怒，我们会愤愤地问："谁导致了我们的失败。"你应该做些什么？

如果和你说话的人对你非常重要，比如，是你的顾客或老板，你没有办法不去听他说，不过，有一些东西可以使你完全消除掉他的建议带来的后果。

（1）辨认出喜欢建议者在做些什么，然后，心里对之要有所防备。

（2）要认识到，别人给予建议并不表明你做错了什么，只是有些人爱提建议而已。

（3）尽你的可能而又不失礼节地少和这类人来往。

（4）如果建议者是你所爱的人，例如你的父母亲，你可以委婉地告诉他们，他们做的事情是什么。你可以承认这些人是爱你的，并希望能帮助你，但你要清楚地表明，你现在并不是要请求他们的帮助，而只是想和他们在一起享受生活。

（5）你可以用同样的方法来对付那些数不清的暗示者，你可以选择沉默，只要你意识到问题在他们那里而不在你这里，这会很有效。

（6）最重要的就是，你要辨认出这些人在做什么。

（7）不要因为建议者看起来诚恳就丧失立场。暗示者由于其态度和蔼，其实比嚷嚷型的建议者更加具有诱惑力，他们用语温和，但却暗示你，如果你不顺从他们的建议，你可能真会有麻烦。

如果你能公开地面对这些暗示者的话，你就要使他们清楚地知道他们在说些什么，使他们知道他们到底想向别人灌输些什么。

"小王，我们还是按各自的方式生活好了。"或者说，"小王，我们待

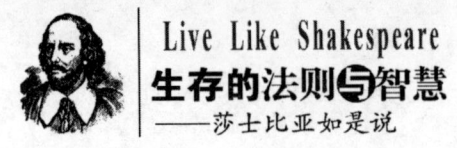

Live Like Shakespeare
生存的法则与智慧
——莎士比亚如是说

在一起只有一会儿,你就已经好几次地告诉我应该使我的生活有所改变,有什么事不对头吗?"

或者,你可以去和别人交往而疏远他们,以此来使他们明白他们到底做了什么事情。"看起来我犯了如此多的错误,我仍然活得很好,这难道不是奇迹吗?"

莎士比亚戏剧中的人物面对建议的时候,最常用的方法是,尽可能礼貌地听完建议,但是还是按照自己的想法去做事。波洛涅斯的儿子就是如此。

有一个美国商人,多年以前有人给他提出一些讨厌的建议时,就是用莎士比亚所说的方法应付的。

他是一个世界著名饭店的老板。在朝鲜战争时,他还是一个23岁的二等兵。他们驻扎在离战场很远的一个小岛上,他负责一个别致的军官餐馆,麦克阿瑟将军要在某个星期五来这个餐馆就餐。二等兵的上司是个上校,他为了讨好麦克阿瑟,要准备一顿丰盛的晚餐,二等兵非常仔细地安排宴会的一切细节,使用了在那地方所能找到的最好的东西。

这位上司也是个美食家,他知道这个年轻人手艺不错,因此当二等兵向他的上司汇报宴会的准备情况时,上校对他的布置和菜单都非常满意。

离麦克阿瑟来还有三天,饭店正忙于准备时,来了一个女人,她是基地上的名人,身为一个高级官员的女人,总把自己看得多么了不起。她进来就问谁是宴会的总管,这位年轻人回答说他就是。然后这位女人就嚷嚷说,所有的事情都做得一团糟,她看了一遍菜单就不屑地否决了这位年轻人仔细挑选的食谱。然后她对于位置怎样摆放、花怎样摆放、侍者在哪里等事不停地啰嗦了二十多分钟。

这位年轻人虽然很有礼貌地听完了所有这些讨厌的建议,却没有改变任何事情,甚至是菜的摆放也没改变。

宴会进行得很顺利,麦克阿瑟赞扬了上校一番,说能够在太平洋上吃到这么好的饭菜真是一个奇迹。

## 第二章 为人处世
Live Like Shakespeare

第二天，上校把年轻人叫来也对之赞扬一番，这人就告诉上校，曾经有一个他不认识的女人来告诉他应该如何如何，他礼貌地听完她的话却没有照她说的去做。上校马上就猜到这女人是谁了。她在基地不停地给人这样那样的劝告，然而没人拿她当回事，也没有人喜欢她。

三周之后，这女人被送回国内，她丈夫则被派到朝鲜战场上，而且就在当年年底阵亡了。

当然，向别人提建议并不总是会有致命的结果，但是这种讨厌的建议对建议者本人和被建议者都有很大的危害。当然，事情也未必就是如此，因为许多人听了建议之后，耸耸肩就算了，而且以后会疏远这种急于成为别人导师的人，而建议者却从来不知道他们的行为对友谊会有多么深的伤害。

关于建议的几点注意事项：

**1. 如果你必须提建议，也要尽量少一些。**

成功的人们在提建议时，都比较谨慎，即使是别人问他们时也是如此。如果有人问他们什么事情应该怎么做，成功人士通常并不像喜欢建议者那样用一种居高临下的态度讲话，他可能会这样说，"你肯定比我知道得更多。"或者，"你可能有自己切实可行的一套方法，不过如果是我的话，我可能……"

（1）当有人向你询问一个问题时，切记，立即就给人提建议并不恰当。

（2）切记，你要理解人们而不要试图改变人们。

（3）要注意听别人讲话，并且要使别人知道你在听他讲话。要试图理解他的苦恼。也许你没有合适的办法，也许即使你有办法，他也并不真正需要你的办法，他可能只是想向你倾诉一下。

（4）不要说一些你该做这做那的话来加重他的痛苦。

当一个人找到你，他是期望你同情他，能给他一些有益的建议，他其实已经很痛苦了，也许他是希望你能说一些鼓励的话，比如，"不论发生

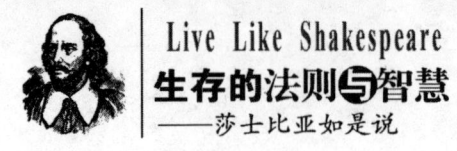

什么事,我都是你的朋友",或者是,"我敢肯定你会作出正确的决定,就像你通常做的那样"。

特别是孩子和父母亲之间及丈夫和妻子之间更应如此,如果你的孩子或伴侣有什么问题,到你这里来寻求一些同情和帮助,你所应该做的就是理解他们的孤独和挣扎。孩子们常会说,"告诉我你仍然宠我,虽然我做错了事。"这时去提建议、告诉他应该怎么办是于事无补的。

要学会理解别人的苦恼。然而,很不幸的是,许多人都无法理解别人,他们禁不住地说,"你应该做这些事情",或者"你为什么没做那件事",等等。

而提这种建议的冲动在父母对待孩子的时候特别突出,当我们看到我们所爱的人、比我们更无助的人做错事,而我们自己又不能对他们有所帮助时,会感到很难忍受。然而提这种建议其实毫无用处,你这样试图改变他,也就是放弃了理解他,实际也就放弃了把事情变好的可能。

如果你没法控制住自己,别人可能会对你所说的话感到非常不舒服。最有成效的方法是要有同情心,指出错误所在,然后让孩子们自己去选择自己的生活。

2. 认真听完问题。

即使你想告诉某人你感到有益的东西,比如你的某些深刻的见解,你首先还是要表现得富有同情心,而且不要太直接地提出建议。

3. 建议不要太绝对。

如果可能的话,要多给人一些选择余地,让人们自己作决定。

因此,像其他一些自我帮助的书一样,本书也给了多种选择,有些可能对你有用,有些可能没什么用。

要相信别人同你一样有判断的能力,只不过也许有些事情你见过,他没有见过而已,把自己当成一个咨询员,人们也许有一些专门的问题要向你咨询。最成功的医生、律师、心理学家等都是这样做的。他们说一些东西是因为他们在某一条路上走得更远而已,别人来找他们就是要在他所擅长的领域求得一些建议。他们从来不把自己看成比别人更高明的人物。

4. 切记，当你给人提建议的时候，你是面对着一个可以作选择的人。

被建议者会选择我是听你的或是不听你的。如果他选择按你所说的做，事情并没有做成，他就会指责并疏远你。如果他选择了不再听你的建议，无论他是否告诉你他做了什么，隔阂都已经产生，你变成了一个高高在上的人物，你告诉他们应该做什么，不该做什么，你把他们当成了低级的人物，也就使他成了你的对手。

5. 切记，所有的建议都已把别人置于低级的地位，纵然是暂时性的。

在日常生活中，我们会经常有位置与角色的交换，通常这并不造成伤害。但是，天性喜欢建议的人总是会保持一种傲慢的态度。不论他们怎么表示只是想要帮助别人，他们已经和别人有了距离。

建议总是以爱的名义进行的，然而，真正的爱都不是要去建议。再说一遍，**友谊的本质在于理解别人，而不是去改变别人。**

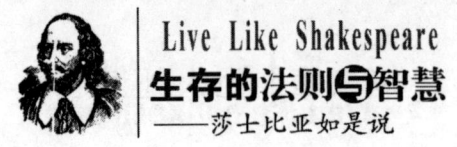

## 法则四 恭维也是一门学问

> 如果这个世界是一个完美的世界,也许我们就不必去恭维我们的老板,恭维我们的同事,问题是这世界并不完美,而且谁更早地掌握了恭维的技巧,谁就能获得更多的利益。

有一天晚上,一个朋友顺路到我的办公室里看一下我的电脑。我刚买了一个扫描仪,他也想买一个。我早知道,不论他多么喜欢它,总会找出一个缺点来。他从来没有恭维过我的判断力。他是一个慷慨、和气的人,但好像并不太喜欢恭维之类的东西。

有些人则会极其夸张地向我们说些恭维的话,比如:

"这个沙发真是漂亮极了!刚买的吗?"

"不,它已经七年了!"

"昨天晚上我们还在议论你呢,这两年你真是变得越来越漂亮了。"

你有时感到被愚弄了,尤其是当这些恭维话大而无当、可以用到任何人身上的时候。

你常常被人恭维,你自己有时也要考虑是不是要恭维一下某人,以及怎样恭维,比如在办公室中、恋爱中,甚至在非常一般的熟人之间。

怎样对待恭维会深刻地影响到你的生活。你一点儿也不恭维别人,对你并不好,别人会感到你不好相处,如果恭维过度,别人会感到你是在利用他们,甚至在嘲笑他们,这也会产生隔阂。

## 第二章 为人处世
Live Like Shakespeare

### 恭维是一种技巧

恭维并不只是 16 世纪的一种宫廷技巧，由伊丽莎白一世周围的人圆滑地使用着，大多数成功人士其生活的大部分是扮演一个拍马屁的角色。学者们正确地认识到恭维是一种复杂的技巧，不论我们是否喜欢它，谁能更巧妙地使用这一技巧，谁就能得到更大的利益。

你的同伴看起来并不精神，你却说他气色很好，这是否就是在利用什么呢？也是也不是吧，你的选择当然不太诚实，但是，这句话也许对任何人都没有伤害，也许还可以避免一些尴尬的场面。

如果这个世界是一个完美的世界，也许我们就不必去恭维我们的老板，恭维我们的同事，问题是这世界并不完美，而且谁更早地掌握了恭维的技巧，谁就能获得更多的利益。

你可以想一下那些很少说错话的人，很有可能在说话做事之前已经预先在心中想过怎么做了，不用说，在生活中他们会形成自己的一套恭维方法，知道什么时候以及怎样去恭维。

确实，恭维从根本上说是一种神秘的技巧，能巧妙地运用这种技巧的人从来不承认他们使用了什么技巧，他们有一种自发的恭维能力。

### 莎士比亚的恭维

由于天生的才能，莎士比亚发觉了不同的恭维之间的微妙差异，他嘲弄了一些过分的恭维，但是仔细地考察一下他的作品，我们会发现他对于恭维的作用有更细致的研究。他把恭维分成几类，这在我们的日常生活中仍然非常有用。

莎士比亚描述了三种类型的恭维，我们觉得这种区分非常重要，它们是计谋型恭维、恶意的恭维和善意的恭维。

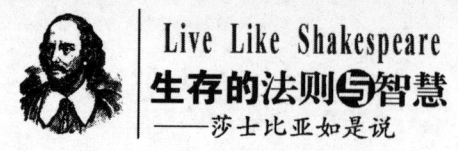

## 1. 计谋型恭维

它是我们最容易想起的一种，也是最令人讨厌的一种，仅仅是为了从某人那里得到一些东西，这些东西或者你认为是不该你得到的，或者是你认为不进行恭维别人就不会给你的。

当然，一个人不可能一生中完全诚实如一，尤其是在外在竞争的环境中，比如在生意场上。但是，如果你恭维别人只是为了得到好处，你从根子上就是一个虚伪的人，你恭维别人时藏起了自己的真实意图，只是为了得到你想要的东西。

那么是不是说你可以永远不因上述原因去恭维别人？

这样的话，你就必须是纯真无瑕的人才行，不过这要付出很大代价。莎士比亚的《卡里奥兰诺》讲的是罗马一位骑士的故事，这位骑士非常讨厌这种恭维，而且从不说这种恭维话，但由于他完全拒绝说任何不真实的话，不恭维任何人，最后付出了惨重的代价，因此而丧生。

对此，莎士比亚曾有这样的评论：

> 对于这个世界来说他是太高贵了。
> 他绝不会为了权力或苟且偷生而去恭维奉承。

莎士比亚是从古代的历史学家普罗塔什的记述里知道这个故事的，如果我们从普罗塔什的观点看，莎士比亚的描写还是非常准确的。

但在生活中，很少有人会像卡里奥兰诺那样，虽然我们并不惯于进行这种计谋性的恭维，我们还是时不时地也要恭维一下。确实，我们之中百分之九十九的人会做这种事。

让我们正视这一点：计谋性恭维是一种艺术。

※计谋性恭维成功的关键在于要尽可能地真实，总要意识到恭维和嘲笑相挨着，不要走得太远。

※要确保你的话基本上是准确的，或至少可以被认为是准确的。大部

分人对自己的缺点还是很清楚的，因此不要说些明显虚假的话。

❖ **最好能给真相一个新颖的转换。**

如果一个女人说，"我恨死自己了，我长得太矮了，"你就不要说，"不，你不矮"，因为这好像是说她实际上很高似的。她知道自己不高。要这样说也许会好一些，"女人就是要小巧才有女人味"。

❖ **尽量不要对别人说其他人也许已向他说过多少遍的话。**

如果你对一个秘书说，"你老板真的离不开你"，这听起来就像是老掉牙的陈词滥调。如果你说你非常感谢他帮你做过的某件事，效果就会好一些。

❖ **不要在别人正烦的时候去恭维他。**

如果你是一个足球迷，你会发现当一个球员射失了一个球时，不会有人向他说任何话。当球员感到非常沮丧的时候，说什么都没有用，几乎所有的评论都有可能惹恼他。

❖ **不要让你刚恭维过的人发现你又用同样的话恭维别人。**

我很清楚地记得，有一个法国妇女赞扬我的法语说得多么流利、标准，我对此也感到很自豪，因为我也认为我的法语不错。几天后，我听到这个女人又对我的朋友说他的法语是多么好。实际上，我的朋友的口音非常糟糕，单词量也少得可怜。我感到非常惭愧，竟然相信了那女人的恭维，我感到好像被人耍了一样，对那女人也感到非常愤怒。

记住，计谋型恭维从根子上是虚伪的，说得不好听一些，这种恭维是一种蔑视的行为，好像别人都是傻瓜一样，因此，你最好还是少用。

2. **恶意的恭维**

既然你想恭维别人，就要注意避免这种恶意的恭维。这种恭维只是为了好玩，只是为了笑话别人。你使人发笑了，你的恭维就成功了。

恶意的恭维明显地使用过分的赞扬语词，而且还带着一种有意的蔑视说出来。这不是想要从别人那里得到什么东西，只是想用夸张的方法戏弄一下别人，想使别人显得无能和愚笨。

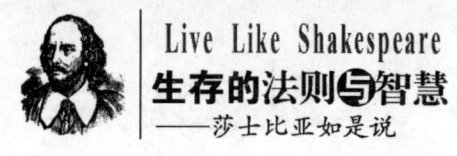

在进行恶意恭维时，你可能说一些过分赞美的话，任何有头脑的人也不会相信这些话的。你是想侮辱别人，但你又说一些冠冕堂皇的好话，使得别人甚至无法抱怨。别人知道你在夸大其词，但你又用一种好像是恰如其分的语调在说话，使他无法说你是在直接侮辱他。你就是想要引起这种不确定的效果，你甚至有时候还可能希望你的恭维被别人识破。总之，恶意恭维就是想引起痛苦，而不是愉悦。

在《威尼斯商人》中，鲍西亚对许多男人都是鄙视的，她非常喜欢在背后嘲笑他们，她对向她求婚的人都毫不留情地进行嘲笑。有一个她所嘲笑的追求者叫马洛克公爵，在知道了她是由于他皮肤黑而鄙视他后，就用恶意的恭维来讽刺她。他用尽了夸张的词汇去赞美她，当然，所有头脑正常的女人都不会相信他这种话的。

鲍西亚对他真那么重要吗？很显然，这个尊贵的和富有的公爵的皮肤不可能变白，也不可能赢得这位富有的女人的爱慕，这是一个明显的谎言，一眼就会被识破。

❈恶意恭维表面上是在赞美别人，背地里却是在挖苦别人。实际上就是说，"如果你愿意，你可以把这些荒唐的话当做恭维的话，这是尽我所能给予你的东西了"。

恶意的恭维现在仍然常见。一些商人经常对一些富有的顾客说这些话，他们也许并不想卖出去什么东西，更有可能是通过这种夸张使那些人成为滑稽可笑的对象。

3. **善意的恭维**

不过还有一种形式的恭维你可以经常使用。实际上，人们还没有充分地使用这种恭维。

人们对它还有些担心，不过，如果人们克服了这一担心，这种恭维能使你高兴，也可以使别人同样高兴。善意的恭维是人的热情的自然流露，是对别人的由衷的赞赏。莎士比亚的许多话都像是一种恭维，他的话非常准确，常常说到我们的心坎上。

## 第二章 为人处世
Live Like Shakespeare

就像别的夸张的说法一样，这些恭维也许会显得有些虚伪。事实上这种恭维并不虚伪，说的人是内心就认为如此，是随性而发的，如果从纯粹客观的角度看，他说的话是有些夸张了，然而，考虑到他是在表达自己的感情，他所说的就并不是虚伪的东西。

在感情自然流露的情况下，我们表达愤怒时，愤怒会加重，同样，我们表达喜悦或赞叹时，这种喜悦和赞叹也必然会加深。

我们的感情和我们的梦想一样常常表达着一些无意识的幸福。我们为什么不能表达这种幸福呢？如果我们觉得某个人很漂亮，为什么我们不可以赞他漂亮呢？

对于别人来说看起来很像是恭维的话，实际上在我们说出它们时，我们可能真的以为如此。没有恭维，友谊和爱情就不可能存在。

在一定意义上说，爱情的本质就在于恭维。恋爱中的人总是把其所爱的人看得比实际上要好一些。一个人处于热恋之中，会把他所爱的人当成最漂亮、最有才华、最有能力的人。

有了爱情，自然就有赞美所爱的人的冲动，如果这种赞美走得稍远一点，我们可以把它看做是相爱的人所应有的一种自由。对于相爱的人来说，恭维的话是他的感情的一种自然表达，也是给所爱的人的一种礼物。

恭维和爱情联系得如此紧密，恋爱中的人甚至会期望他的朋友也对他的爱人说些恭维话。一个人不对他朋友的爱人说几句恭维的话，其实是令人失望的。真正的朋友应该在恭维朋友时得到自己的快乐。

在莎士比亚《维洛那的二绅士》中，一个叫做瓦伦廷的绅士告诉他的朋友普洛丢斯说，他和一个天仙一般的美女恋爱了。瓦伦廷是想让普洛丢斯说几句赞美他心爱的人的话，但是普洛丢斯却拒绝恭维她。瓦伦廷如此着迷于他所爱的人，以至于他认为世界上所有的人都会认识到他心爱的人的完美，并且会向他赞美的。

我们期望最亲近的朋友会为我们的爱情而高兴，并且也能恭维我们。莎士比亚的伟大部分就在于他所说的一些恭维话。纯莎士比亚意义上的恭

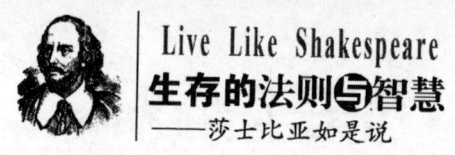

维是一种高尚的东西，通过一种特殊的语言表达出来，我们在他的作品中到处都会看到这些，如在一首十四行诗中他写道：

> 在许多阳光灿烂的早上我看到，
> 远处的山巅如同是君临万众的国王，
> 青绿的大地有着金子般的面容。

　　从来没有恭维过任何人的人也许没能力爱上任何人，甚至包括他自己。他是一个毫无趣味的人。他以真诚为借口，实际上是想掩盖他的想象力缺乏及感情的无能。

　　也许人们会疏远你而去和才能不如你的人交往，不过造成这种局面的原因不在于他们而在于你自己。生活的目的、拼命工作的目的、取得成就的目的不就是想得到别人的尊重吗？如果你忍住不去恭维别人，你使他们失去了一些幸福的机会，他们自然会疏远你。

　　拘谨的人对任何他们感到过分的东西都避之唯恐不及，其中也包括了恭维。这些人太拘谨以致不敢去追求他们想要的东西，他们甚至期望我们也不要去恭维别人。实际上他们的这种拘谨对别人来说是一种讨厌的东西。

　　我现在经常见到童年时的一个朋友，他原先住在我们家附近。他是一个小提琴家，名叫常大林。我们是在一群自命不凡的人中间长大的，当然也把自己当成是最聪明的人。我们中许多人对女孩子都有些害怕，当我们和漂亮的女人在一起的时候，总是试图把气氛弄得冷淡一些，比如我们从不恭维她们，也从不表现得似乎从她们那里得到了很多东西。这种我比你知道得更多的态度只是使我们更长时间地没有异性朋友而已，并没有给我们带来别的什么好处。而常大林呢？我们常常看到他和一个非常漂亮的女人在一起，我很奇怪这是为什么？当然，常大林长得很漂亮，然而我们之中许多人也长得很英俊。

那时，我是一个业余心理学爱好者，因此就观察起常大林来。我发觉他每碰到一个漂亮的黑发女子，就向她说，"你的眼睛真是水灵极了，我从来没有看到过如此漂亮的眼睛"。他说这些话好像是不由自主、脱口而出的，还带有一种惊奇的神态。而我则不敢对女人这样说。

我知道他并不是骗人的，因为在他说这些话的时候我也有同样的感觉。但是我和其他男孩从来不敢说这种话。我总是惊奇地看到，几天之后，那个女孩就和常大林一起去逛王府井大街去了。

因此，我开始意识到原来我对恭维的看法是错的。恭维并不使你显得愚蠢和笨拙，而是使你看起来热情和优雅。当我克服了不去恭维人的习惯以后，我的生活有了非常大的改变。我现在意识到说一些恭维的话真是很有必要。

### 作为礼物的一种恭维

最好的心理治疗医生是那些能和病人一同欢乐的人。这些医生给病人讲了话，病人就会非常积极地去改变自己，这不仅是因为他们信任医生，更因为他们感到自己值得去奋斗，去改变。

最糟糕的心理医生是那些从来不会分享病人欢乐的人，他们只把病人看成是有毛病的人，病人也不喜欢治疗的过程，要不了多久，病人就会变得意志消沉，最终治疗也会失败。

当你真的被某人感动了，尽力去说一些恭维的话，甚至故意夸张一些，暂时地傻一些没关系。

莎士比亚希望我们有这种浪漫的生活方式，我深深地感觉到生活的目的就应该尽可能地如此。

告诉别人他们是如何漂亮，你多么羡慕他们的才华，你又多么珍视和他们在一起的日子，这只会使你和他们的关系更加融洽。

那么，这是否是劝大家生活在幻觉中而不生活在真实之中呢？莎士比

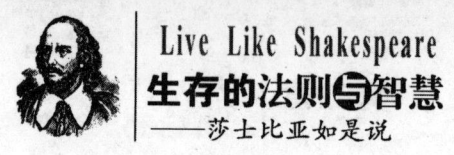

亚并不这样认为，而且绝不要担忧，你使生活浪漫化并不会使你失去很多东西。

我们确实能够分辨出诗意的语言和真正的不真实，因此，在生活中，我们就可以有一些浪漫的夸张，以及善意的恭维。

虽然不总是如此，但大部分情况下我们正是被告知不要相信恭维的话。如果我们只想着前面两种恭维，特别是第一种恭维的话，事情也可能就是如此。但是如果涉及第三种恭维，即善意的恭维时，你就再不要相信不恭维者了。

你必然会更加成功。

## 法则五　说服他人如此简单

> 我们都是被感情支配着，但是没有人愿意公开地承认这一点，因此，即使是作最情绪化的辩论，你也要使其看起来好像是一个逻辑推论，最好不要直接就说些情绪化的话。

遇到诱人的克莉奥佩特拉并与之产生爱情之前，安东尼是罗马非常成功的领导人。他在埃及遇到克莉奥佩特拉时，是作为罗马的执政官之一去那里的。就像大家所知道的，他对克莉奥佩特拉的爱慕导致他失去了在罗马的职位，并最终要了他的性命。

安东尼得到那么高的职位很大程度上得力于他和尤里斯·恺撒的交往，他们有亲戚关系，还是亲密的朋友。

随着恺撒地位的上升，安东尼也跟着上升。当恺撒被人谋杀后，谋杀者很自然来到安东尼处想掩饰他们的所作所为，他们错误地以为安东尼相信他们杀了恺撒是正确的事，因此允许了安东尼向公众发表演讲。谋杀者希望，如果恺撒的朋友安东尼都帮他们说话，他们就可以变成民族英雄。

谋杀者没有想到安东尼不是赞扬他们，而是使公众转而反对他们。密谋者中最有名的勃鲁托斯第一个讲话，他声称恺撒是野心家，想要做皇帝，这会使共和国毁于一旦。人们都相信了他，看起来只要安东尼替他们说话，人们就会彻底地相信他们。

但是，谋杀者们错误地假定安东尼是站在他们的一边，更糟糕的是，

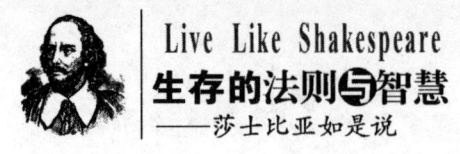

## Live Like Shakespeare
### 生存的法则与智慧
——莎士比亚如是说

他们完全没有想到,安东尼会发表一个响彻罗马的演说,成为千古流传的事件。

安东尼面对的是一群已被勃鲁托斯说动的人们,好像是因为恺撒要做一个独裁者,谋杀者没有别的办法,只有杀了他这一条出路。当安东尼开始讲话时,谁要是说反对勃鲁托斯的话,公众就恨不得宰了他。而且,安东尼是勃鲁托斯结束讲话前介绍给公众的,也只有得到勃鲁托斯的允许,安东尼才能讲话。虽然如此,安东尼还是成功地使充满敌意的公众转而支持他。他是如此成功,不等他把话讲完,人们已经愤怒至极,恨不得马上找到勃鲁托斯及其同伙,当场把他们杀了。

### 莎士比亚的安东尼演讲

安东尼实际上说了什么,历史上并没有留传下来,只是说他在很不利的情况下,使人们转而支持他。莎士比亚的《恺撒》就只基于古代历史学家很简短的一些记述。莎士比亚面对着重新创造出安东尼不可思议的演说的艰巨任务。

莎士比亚笔下安东尼的演说是一个典范,具有很强的说服力和鼓动性,可以说绝不比历史上真实的演说逊色。

莎士比亚的安东尼演讲被成千上万的人研究过、背诵过,它是诗人写下的最伟大的独白之一。它也是怎样进行辩论、怎样说服人们的一个绝好的典范。

真正的安东尼受到过论辩术的严格训练,罗马也以其众多的雄辩家而知名。对于古罗马人来说,争论是他们社团里最重要的事情,他们也以熟练地掌握了说服人的艺术而知名。学生们总是经常练习为相反的观点做辩护,辩说一段时间后,他们会停下来,相互之间把立场调过来重新辩论。如果你能在两个观点上都辩赢了,你就可以说是论辩大师。

现在我们很少传授论辩的艺术,但是我们却比任何时候都更需要它,

## 第二章 为人处世
### Live Like Shakespeare

除非你从事特殊的职业，它不需要论辩技巧，你也不需要向许多人发表演讲，不需要说服人们去做什么。

事实上，几乎每一天你都需要说服你周围的一些人。我们的社会是复杂的，我们在其中扮演着多种角色，在一天当中，你可能要向顾客建议点什么，要使你的小孩的老师相信他和你分属不同的团体，要告诉商店说他们送错了东西，要说服你的配偶去度个假放松一下，而不是重新粉刷房子，等等。

总的来说，我们的社会比以前提供了更多的讨论、争辩以及改变的空间和机会。

五十年前，许多地方只有名人、老板和一家之主才有说话的权利。现在，可以说几乎所有的人都有机会去说服别人，让他们知道我们的感受和想法。想得到提升或是增加工资，我们就要想出有说服力的理由来。现在父母亲对孩子也更多的是劝告而不是命令了。

然而，即使你最有说服力的辩论也需要仔细地设计。说服人们不仅要靠论辩的逻辑，还要靠一些其他因素。

莎士比亚非常了解这些因素并熟练地运用了它们。研究一下安东尼的演讲，我们就可以辨认出使安东尼的演说如此有力的东西。

我们可以对之做些改变，使其适合于我们：

1. **演讲要短，准备要充分**

演讲越简短越好。如果你必须用完一段时间，那就只用这一段时间。设计出一个有力的、简短的演说需要你花费时间和精力，但这是值得的。

伟大的雄辩家在一次立法会议上曾道歉说："我感到非常抱歉，我的发言太短，不过我真的没有时间准备一个更短的发言。"

即使是特别简短的发言也应该准备一下。比如你要在一个非正式的会议上和你的老板或同事讨论一下你的一个想法，计划一下会很有好处。

如果你必须通过电话来处理一件敏感的事情，至少要事先把可能的情况想一遍。别人无法看到你，正好可以利用这一点，把你所想的要点写

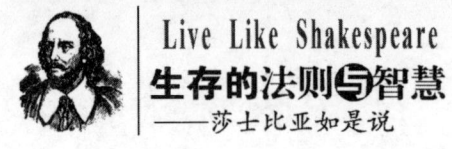

下来。

安东尼早早就计划好了他的演讲,什么时候做什么他都预先安排得恰如其分。纵使我们不说莎士比亚的安东尼仔细地准备了他的演讲,我们也可以想见他的演讲必定是丝丝相扣、分毫不差的。

### 2. 清楚地表明你的意图,不要留下疑问之处

如果一个东西值得你去争论,就值得你把它说清楚,就不要担心是不是重复太多。不要害怕用不同的方式多次重复你的意图。

你自己没把你的意思说清楚,就不要期待听众还能体谅你。你想要某个东西,你又没有很清楚地对之肯定,这实际是你还拿不准到底怎样做的一个信号。你自己尚且拿不准,怎么能期待别人该怎么做呢?

安东尼的意图就是要使公众相信恺撒是爱他们的,恺撒不是一个野心家,而杀害他的人才真正是谋杀者、野心家。这个演讲时间并不长,他却五次使用了"野心"、两次使用了"抱负"这两个词。

### 3. 要从共同的爱好谈起

要从你和别人所共同具有的信念及愿望谈起,即使你要与之谈话的人和你截然不同,也要想办法找到一些共同点,必要时甚至要假装有一个共同点。或者你们都热爱真理,或者你们都关心社区建设等。

你要表示出你很理解别人的想法,但不要带着高高在上的神气,比如,"我很理解你为什么会认为约翰对公司有害,我们也都很关心公司的前途,不过,我们觉得约翰会有所改变的,因此,我想我们还是再给他一次机会吧"。

当别人感到你在认真听他说话时,他就会非常愿意听你说话,你会很容易看到,在日常生活中,如果一个人感到他被你忽视了,在一些微不足道的事上他也可能和你作对。即使只是你在作演讲,观众并不回答,也要考虑到这一点。在其演讲的整个过程中,安东尼不断地说他很理解观众的想法。他总是说:"你们热爱共和国,我也同样热爱。相信我,恺撒的感受同我们是一样的。"

## 第二章 为人处世
### Live Like Shakespeare

**4. 要求越少越好**

你要懂得，通过一次谈话你不可能得到你想要的全部。如果在婚姻中或工作中有几个地方不对头，你不要一次把它们全都提出来，不然的话别的人也许会感到不知所措或毫无希望。你选一个或最多两个问题提出来。你提出要求后，就回到你们的共同点上，不要使自己显得和别人特别不同。

**5. 诉诸人的贪婪，但不要明确地把它指出来**

诉诸人的贪婪，但不要明确地把它指出来，否则人们会反对你的，他们不愿意被人看成是贪婪的。

许多人都有一种强烈的贪欲，只是几乎没有人会承认它。

要让听众知道他们会得到什么好处，但是不要明确说出来，或暗示他们想得到好处。你清楚地让他们知道，他们如果照你所说的做会得到什么好处，他们会很愿意跟你走，而且这还使他们感到自己很高尚，虽然他们是基于自私自利做事的，大多数人都喜欢这样。

安东尼演讲的最伟大之处在于他诉诸罗马人的感情，诉诸罗马人的贪欲。他提醒人们恺撒给他们带来了多少钱财、多少奴隶，而且还会不断地带来，谋杀恺撒则会使他们失去钱财。

**6. 诉诸人们的情感，但还要显得你是诉诸理性**

人们常常错误地认为纯粹逻辑的论辩会更加有力，尤其是一些聪明的人更是如此。逻辑也需要感情的因素，也有感情的成分。人们喜欢说他们是理性的，他们做事是基于理性的推理，但是我们要知道，真正能使人感动的是情感，一件事看起来不论离情感有多远都是如此。

人们作决定的时候，感情的影响是如此之大，以至于人们想给它以理性的样子。一个律师不能简单地说他的委托人如果被判入狱，深爱着他的人会特别痛苦，他的办法常常是以别的事为借口把这事表现出来，其真正的意图却是要感动陪审团。

我们都是被感情支配着，但是却没有人愿意公开地承认这一点，因

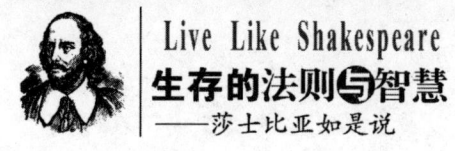

此,即使是作最情绪化的辩论,你也要使其看起来好像是一个逻辑推论,最好不要直接就说些情绪化的话。不要这样说,"小王真的是爱公司的,她应该再有一次机会,而且,她又有了孩子,她没工作怎么能行。"而要这样说,"我觉得小王做得还不是特别糟糕,而且她已同意如果情况不好,她几年内可以不提出提高工资的要求,我们还是让她再试试吧。"

安东尼在清楚地表明由于恺撒的死他们失去了什么后,就进而诉诸人的感情,他激烈地谴责那些人谋杀了如此高贵、宽厚的恺撒。在描述了恺撒的高贵、恺撒对大家的牵挂之后,安东尼表现得非常激动,以致话都说不出来了。他的声音变得沙哑,对他亲密的朋友的离去伤心不已,他恳求人们给他点时间让他平静下来:

> 原谅我,
> 我的心已随恺撒而去,
> 我一定要等他归来。

这时大家已被感动得热泪盈眶,还有一个人大声地说:我认为他说得非常有道理。

其他一些听众也认为安东尼说得很有道理,因此认为他们同情恺撒是有根有据的。他们虽然完全被安东尼的情感表现所感动,还是宁愿相信他们是被安东尼的逻辑所说服的。

## 7. 绝不要告诉别人应该怎么去感受一件事

当一个人被告知他对某件事应该有何种感受时,他会有本能的反感。例如对于去年的加薪你应该感到满意,你把小王开除掉你会后悔的,如果你离婚,一辈子你都会追悔不已。你对别人说这类话常常可能得不到你想要的效果,他有可能就为了和你对着干偏偏做你不让他做的事。你所能做的就是给他分析一下事情可能会怎样,如果是你你会怎么做,然后让他们自己决定怎么办。

## 第二章 为人处世
### Live Like Shakespeare

安东尼就非常小心地不去向公众说他们应该这样感受,那样感受,而是说大家都应该听任自己的自然感受。他大声地说道:昨天你们还爱着恺撒,今天你们就不爱他了吗?

你们大家都曾热爱过他。

那是什么使得你们如此爱他呢?

又是什么使你们悲痛于他的死呢?

**8. 不要可怜兮兮**

不要装出一副可怜兮兮的样子,不论是语言上还是语气上的哭诉与抱怨都会使你看起来像一个可怜的失败者。而且,抱怨自己受到了不公正的对待也就是指责别人是没有同情心的人,是冷酷无情的家伙,这也就暗示别人是丑恶之徒。没有任何人希望自己是这样,因此,人们会认定他们做的事是对的,以后还会同样对待你。

即使你有时通过哭诉得到了一些东西,你也得不偿失,人们一般不大认为动不动就哭哭啼啼的人能做什么大事,不会让你负责重要的任务,因此你必须加倍工作,才能有所补偿,而按你的实际才能是不需要如此辛苦的。

**9. 巧妙地说出你的理由和目的**

要条理清楚地向你的听众摆事实、讲道理,也要清楚地表明你的意图,使他们自己考虑你说的对不对。一定不要使别人感到你在强迫他们听你的话。

不要这样说,"我们必须留下小王,开除小王有点太不近人情,这会对公司带来什么好处呢?"这就好像只是要别人同意你的看法,而委婉的说法可能效果会好些,"我觉得我们还是留着小王吧,许多客户还是挺喜欢她的,她工作也挺积极,新来一个人不知道赶不赶得上她,而且,她还有一些别的专业知识。"

理想情况下,别人会和你得到同样的结论,但是你还是要想办法使他

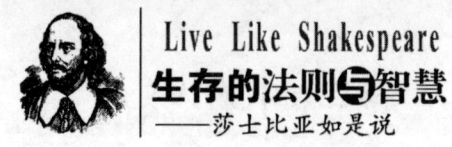

感到是他自己得到了这样的结论。

安东尼的演讲可以说是这样的典范。安东尼是如此成功,在他演讲结束之前,人们就已对勃鲁托斯及其同伙愤恨至极,他表面上还在恳求公众不要过于激动去杀那些暗杀者,而要保持安静听他把话说完。

### 10. 不要使自己看起来像是一个夸夸其谈的人

把你的谈话弄得过于花哨并没有好处,你也许感到这能给人留下更深的印象,但是人们的反应并不完全如此,他们面对着急速而又华丽的语言时,很有可能产生怀疑的念头。如果你想要他们完全理解你的想法,就不要把自己弄得太远离大家。当他们发现你和他们一样是普通人而不是夸夸其谈的演说家后,他们甚至会帮助你。

莎士比亚的安东尼在他的富有鼓动性的演讲中常指出他也是一个普通人,他不想让人们把他看成是一个伟大的演说家,相反,他期望人们把他看做是同他们一样的普通人,是他们之中的一员。这使得他们把他的看法当成了他们的看法,热情地把他接纳为他们的一员。他对他们说:

> 我不是一个演说家,
> 我只是一个普通的人,这你们知道得很清楚,
> ……我并没有才智、能力能鼓动起人们的感情,
> 我只是说一些实在的事情……

### 11. 暗示你还有很多可说的

要使他们感到你还可以告诉他们很多东西,你要暗示你不想把所有细节与理由都说出来麻烦他们,如:"你知道,我们甚至还没有完全深入地考察小王的所有情况,以及更换她要考虑的所有细节的问题,我不太想把任何小事都拿来烦你。"如果你的话已有说服力的话,加上这样的结尾就更好了。

这种方法使别人以为你还可以有更强的理由,因此,它有一个更进一

步的好处，就是可能使听众反对别的一些观点。

莎士比亚戏剧中的许多人物都发表了非常有力的、富有鼓动性的辩护，而且这种辩护并没有完全正当的根据。比如恺撒在现代人看来其实也是一个阴谋家、一个暴君。我们对安东尼演讲感兴趣的是其演说的技巧而不是其他。

# 第三章 坚定自己的立场

- 法则一　切忌优柔寡断
- 法则二　不要活在他人的情绪中
- 法则三　自己看得起自己
- 法则四　对待失意人要隐藏锋芒

## 第三章 坚定自己的立场
### Live Like Shakespeare

在对自己有了清楚的了解之后,你完全有理由相信自己。

这个世界不断地向我们健全的理智进行挑战,我们大多数人还必须用这种或那种方法向不同的人表明我们的理智,这包括我们的老板、教师、亲戚和爱人,甚至还有我们的孩子。我们还面对着无数需要做出的抉择。

我们还会遇到一些比我们更加成功、更有魅力的人。有时我们可能会情不自禁地躲开这些人、鄙视这些人,和他们在一起的时候,我们会感到自卑。

要想在这个充满不幸的世界上保持我们健全的理智,我们必须充满自信。首先,我们要认识到我们做了力所能及的事,其次,我们必须有自己的生活准则,而不是每时每刻都想着我们是不是和什么东西相比又进步了一点。我们必须信赖自己,信赖我们的自我评价。

人们的心境常常会有变化,你的心境也自然有变化的时候,但你必须自我认可,也就是说,按照你认为是正确的去做,不要过多地考虑别人怎样看待你。

既然你经过仔细的考虑做出了一个决定,你就不要害怕会有什么困难,有什么障碍。如果研究一下成功人士怎么做的,你就会看到这一点。所有成功的人都是这样做的,只是他们是私下暗暗在做,而不是大嚷大闹让所有人都知道而已。

如果莎士比亚成为现在的心理医师,他肯定能使他的病人获得自信,使他们从别人那里学到很多东西而又不丧失自己。有着完整人格的人才能和别人自由地来往,而且他们还喜欢和别人来往,但却不失去自身的存在。他并不因生活中无法避免的改变或别人心情的改变而丧失自己。

自信既使你保持独特性,又给自己留下一些发展的空间,它给你一个基于对你自身及周遭环境的深刻理解而自我表达的机会。

自信的人有两个特殊之处:一是相信自己,二是精力充沛,实际上这两者从根本上来说就是一个东西。

对自己有了了解,而且也知道别人是怎样的,知道别人潜意识的意

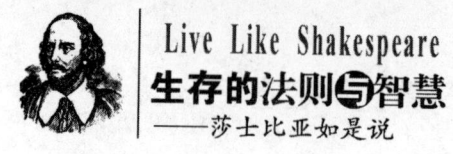

愿，你就应该会在同人打交道时显得很轻松，不会过多地考虑到底应该怎样做事、做人。

最重要的不仅仅在于不去冒犯别人，而且在于要使你自己生活得幸福。

如果你还没有达到这一阶段，你可能会总是小心地对待对你关系重大的人，你生活的许多可能性也许都被他们的情绪所支配了。

缺乏自信的人常常不停地观察他们老板的态度，不停地察看他们配偶的脸色。他们希望把事情做得好一些，他们总是过分地看重别人的态度，认为这才是他们评价好与坏的标准。他们想向老板要一些额外的假日，就总是算计什么时候才是提出要求的最好时机；他们想和别的朋友去玩一会儿，在提出这一想法之前，他们总要先观察一下配偶的脸色。

自信的人不需要这种生活方式，他们知道这样做无论什么时候都没有好处。

你真正应该得到什么东西，你可以理直气壮地得到它。如果你觉得你多加了好多班，所以应该要一些额外的假期，你就可以直接地提出来。

如果你在做事之前总是先揣摩一下别人的情绪，你会使自己感到你不该得到你想要的东西，不该得到你想要的待遇。你会总是把自己当成躲在生活边缘的人，只看到别的人在做决定却没你的份儿。很明显，没有任何人能老是把别人的情绪揣摩透，把你的精力和想象力都浪费到这上面真是糟糕透了。

自信的人知道，最重要的是让别人了解他们非常信赖自己，他们从不做自我贬低的事，即使是在开玩笑的时候也是如此。

自信的人的另一个特性就在于精力充沛，他们喜欢冒险，不怕犯错误，乐意应付生活中所有的问题。他们有坚定的毅力，知道生活只有不断地尝试才有意义。对他们来说，一些人的优柔寡断完全是懒惰而已。

自信的人不是坐在家中幽幽地空想，而是喜欢不断地尝试，即使事情看起来非常不确定，他们也愿意去试一下。他们为了以后能熟练地做某件

## 第三章 坚定自己的立场
### Live Like Shakespeare

事，不怕刚开始时做得笨拙之极。完美的观念对他们来说只是胆小和空想的同义词，尝试和犯错才真正能教你些什么。

如此的精力旺盛就使得他们显得富有朝气和魅力，实际上也真的使得他们如此。他们看起来天不怕地不怕。他们还没有成功，别人就已经把他们看做是成功人士了。

这种精力也使他们非常愿意向别人请教，即使他们暂时对之有些嫉妒的人，或者比起他们正好照出自己缺点的人，他们也愿意向之请教。自信的人看到别人做得更好时，他并不自怨自哀地痛恨自己或痛恨别人，他们会尽力去找出别人为什么能做得好，自己也要想办法做得和他们一样好。许多人看到他们很相信自己，因此也就容易相信他们。确实，如果你自己都不相信自己，怎么能让别人相信你呢？自信的人常常很容易就得到友谊、爱情、尊重及权威。

莎士比亚的许多著名的人物都有这种特征，国王、将军、贵族，甚至一些不太重要的人物都有这种坚毅的性格及充沛的精力。比如哈姆雷特和麦克白，他们就在我们眼前得到了自信。起初，他们都受着优柔寡断的折磨，哈姆雷特一直到戏剧快要结束时才摆脱了优柔寡断，当他坚定地下定决心时，我们都感到一种愉快。

这种愉快是自信的人最终极的标志，也表明他们是处在世界的中心。

对于没有自信的人来说，事情好像是"别人是自由的，决定是由他们来做的，我只是一个旁观者和跟随者"。

对于自信的人来说，他就是中心人物，做事也就把自己当做中心人物，这才有一种自我实现的前景。

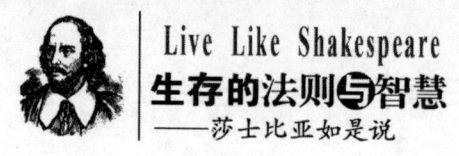

Live Like Shakespeare
生存的法则与智慧
——莎士比亚如是说

# 法则一　切忌优柔寡断

即使一个小小的决定都会为你带来希望。一旦你采取行动,你就有可能成功,你就不会认为失望总是伴随着生活。相反,你将看到失望是暂时的,甚至你将看到,生活并不总是让你感到失望。你一定会改变一切。

哈姆雷特可能是所有近现代文学中最负盛名的戏剧人物。每一种现存的活语言都有很多笔墨花费在对这一人物的描述和刻画上。他的复杂个性已经使他成为一个非常重要的文化形象。永远看不厌舞台上的哈姆雷特,永远讲不完哈姆雷特的故事,心理学家们也不知疲倦地分析哈姆雷特之所以成为哈姆雷特的那种原动力——用劳伦斯·奥里弗的话说,"一个无法作出决定的人"。

很多演员想在戏中演哈姆雷特的角色,而不愿担任其他角色——甚至连女演员也是这样。演员一旦扮演了哈姆雷特,就有机会表演那些精彩的独白。扮演哈姆雷特的演员很快就会成为全世界人谈话的焦点,并且有可能成为全世界第一流的心理学家。

这部戏剧实在太出名了,每一次戏中哈姆雷特说话的时候,观众都会情不自禁地被吸引并参与进去。奥里弗注意到,在一月份扮演哈姆雷特这一角色最困难:"如果他们不是呢呢喃喃地说着台词,就是在咳嗽,"他这样解释说。

从哈姆雷特这一人物嘴里说出的话很多现在已经成为日常生活的语言

## 第三章 坚定自己的立场
## Live Like Shakespeare

了:"丹麦的政府一定是腐败了","连一只老鼠都惊不了","谋杀是一种最残酷的行为","残酷行为","享乐之路",等等。有这样一个老笑话,讲一个人看了一场演出后,批评哈姆雷特说,这无非是又一次老调重弹。

一个人要是在舞台上或者生活中过分地表现自己,人们就会称他"表现过火"。但是在这出戏里,人们主要是来看主角的表现。在演出的过程中,其他的角色仅仅作为舞台背景表演,留给我们的印象是,似乎这出戏是一个人的表演。

丹麦王子哈姆雷特远比实际生活在丹麦的人更多地被人们研究过。每一个年代的哈姆雷特都不一样,就像每一个年代的舞台上哈姆雷特都有不同的特色。

### 一位可爱的英雄

哈姆雷特尽管让我们着迷,但他自己却是一位既绝望又痛苦的人。他既不与人为善,又执迷不悟。在短暂的时刻,我们都曾经是哈姆雷特,但是我们又不愿意长时间地甘心做这样的人。他是那种谁都不愿意与之为友的人。

但是,我们宁愿以我们"心灵的目光"(该词是从这一戏剧中来的)去看哈姆雷特,无论他是瘦削的还是肥胖的,是高大的还是低矮的,他都会令我们着迷。每个人都承认,我们之所以着迷,部分是由于我们在他身上看到了我们自己——只不过不是我们最好的那一刻。

哈姆雷特是这样的人物缩影,他优柔寡断,作不出决断。

他代表了忧郁的自恋者。他对人、对女人、对他的国家、对这个世界都表达了他的绝望。但是所有这种绝望与苦涩的生活观点都是他在生活中无法作出决断的失败反应。

听他说话,似乎世界待他不公。但事实上,我们看到——哈姆雷特也很清楚地知道——是他自己对自己爽约。

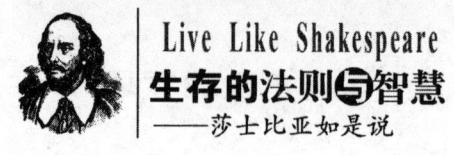

## 高贵的但又"意气消沉的"丹麦人

我们发现,哈姆雷特极易绝望,非常自责和自憎。他的父亲,就是那位国王,被人谋杀了。就在他父亲的葬礼过后不到一个月,哈姆雷特的母亲便与刚刚死去的国王的弟弟克劳丢斯结婚。他们俩现在统治着丹麦。

哈姆雷特富有讽刺和含沙射影的能力。穿着"墨黑的"衣服,无法或者说不愿意享受作为王子的特权,他向全人类表达了那种我们都能体验到的巨大失望。我们也感受到他的失望,并且愿意倾心去理解他。如果我们不去亲聆这位天才的观察和表达,我们就不会知道这世道已经变得多么肮脏。而抱怨似乎是留给哈姆雷特唯一的快乐。他擅长的就是用他的话语给我们增添无限伤感。

然而,哈姆雷特父亲的幽灵出现了,哈姆雷特当时与他的朋友赫拉提奥在一起,幽灵告诉他该去复仇。

同时,由于他糟糕的境况,加上他向来憎恨女人,而且他父亲去世后,他的母亲就背叛了,迫不及待地与克劳丢斯结婚,这使得哈姆雷特不顾一切地辱骂他曾经爱过的女人欧菲利亚。他嘲弄她,把她摔到地上,而对于这样的行为,观众往往由于理解了他的绝望而寄予了深深的同情。

哈姆雷特怀疑是克劳丢斯杀死了他的父亲,而现在幽灵把一切的细节都告诉了他,恳求他实行"最残酷的谋杀"。无疑,观众的心里都会想,接下来肯定是谋杀,基于哈姆雷特所处的情势和他所处的时代,他肯定会选择报仇。

就在这一关节点上,由于深感自憎,哈姆雷特却开始举棋不定了。他无法杀死克劳丢斯,或者说不想。他在宫廷四周彷徨,口里不断地诅咒着,心里却掂量着杀死国王为什么是一个错误?

由于这里浸透着莎士比亚的天才的心理学思想,哈姆雷特甚至意识到他正在用语言代替行动。在另外一次出于反对女性的诽谤中,他把自己比作一个"妓女",并且以辱骂女人为乐——先是欧菲利亚,随后是他的母亲,对于他的母亲,他用的是责骂,而不是真正去谋杀。

越多的证据表明克劳丢斯所作的恶,哈姆雷特就越憎恨自己。正如莎士比亚笔下其他丧失伦理的人物一样,他也开始有了更坏的计划。他甚至设计考验克劳丢斯。在这一计谋中,克劳丢斯进一步败露自己,让人们看到了许多证据。但是,由于哈姆雷特正为自己的优柔寡断而苦恼,他就不断地告诉自己,要等待更多的证据被披露出来后再采取行动。

每一次行动的推迟都令他更加苦恼,更加软弱,也更加忧郁。他把对自己的憎恨转移到对世界的憎恨;他发现世界是破败的、腥臊的,因为他知道他自己是破败的、腥臊的。

### 哈姆雷特决定一无所为

当然,极而言之,不采取行动本身就是一个决定。哈姆雷特不能做他必须做的事,使他极端残忍地对待他人。他使欧菲利亚精神失常,并最后自杀。他把他的母亲折磨得几近疯狂,要不是幽灵重新回来,请求哈姆雷特放过她,他还会做出更绝的事来。他错杀国王的顾问波洛涅斯。他折磨所有服侍他的人,包括他自认为最亲密的朋友赫拉提欧。

由于哈姆雷特一心想的就是自己,他从不关心别人。我们作为观众为他所着迷,但是我们都不是他的朋友。结果,当哈姆雷特发现国王企图谋杀他但遭失败时,他却报了仇,而且事实上扫除了一切人。这位最后当机立断采取行动的哈姆雷特,在他垂死之前的一瞬间却挽救了他的生命。

优柔寡断导致自我憎恨和自悲自怜。当哈姆雷特诅咒世界的时候,他才感觉到真正要恨的是他自己。

### 你是否有哈姆雷特综合征

假如在选择怎样的工作或选择到哪一家饭馆吃饭时,你发觉自己难以

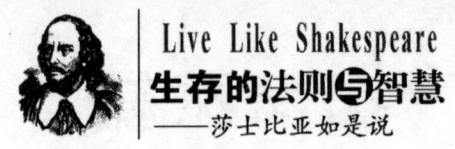

作出决定,或者根本就不可能作出决定,很可能你已经犯上了这种综合征。对于他人而言非常简单的一件事,你却举轻若重,犹豫不决。

你想回到学校,却不知道该学些什么,因此你就不去。你想结婚,但是又羞于见人。你想离婚,但是你总是觉得没有合适的时间。

你前思后想,似乎你是受古希腊神祇折磨的受害者。你费尽精力,浪费宝贵的时间,思量该怎么做,而事实上你却一无所为。

既然你是根据过去判断将来,你就会感到无望。

※ 经常改变主意而不敢采取行动的人,在生活中就会成为一位受害者。他或者她偶然有了工作的机会,或者与一位猛烈追求自己的人结婚,然后会一辈子抱怨自己做了错误的选择。每一个行动都是上百次摇摆后的结果。

※ 优柔寡断的人会丧失力量、性欲和自尊。别的人会如摩托艇一般勇往直前,能够轻易地到达他们想要去的地方,优柔寡断的人却像帆船,只会见风使舵。

※ 那些自毁前程的人,那些回避作出决定的人,他们不相信自己对自己说过的话,也不相信自己对别人说的话。晚上八点钟作出了一个决定,无论这个决定是什么,他自己很清楚,在明天之前还要反复考虑上千次。这样的人没有能力澄清任何事情。他失去了对自己的意见作最后决定的勇气,失去了清晰思考的能力。

※ 不作决定的人丧失了从坏的决定中吸取教训的机会。

※ 有哈姆雷特综合征的人往往忧郁低沉。非常典型的是,他们对于年龄和过去的时光特别地注意。由于他们自身优柔寡断,他们需要别的人为他们作出决定,他们是成就低下者。尽管他们有足够的才能,他们也宁愿为他人办事,而不愿独立行事。他们经常被那些缺少判断能力但更有主见的人呼来唤去。

# 第三章 坚定自己的立场
Live Like Shakespeare

## 你是否与某位有哈姆雷特综合征的人结婚

有个男人来到我的朋友那里,我永远也不会忘记他。他对与他同居的女人满腔怒火,他说,"她不让我工作"。他想成为一位作家,但是又不敢决定自己将来如何继续写下去。他从不知道自己接下来要写的是什么,因此,他就干脆什么也不写。但是,他不正视自己的问题,反而咒骂那个女人在隔壁的房间制造各种噪音。

通过我朋友的讲述我知道,他在过去的二十年里与三个不同的女人都有类似的经历。由于他举棋不定,逡巡不前,生活变得痛苦不堪。

如果你与某位情感上有哈姆雷特综合征的人有瓜葛,譬如结婚或别的什么,你就很可能成为他怒气发泄的对象。

假如你爱这个人,那么你看到他(或她)绝望的样子或不能发挥潜能的样子,你也会很难受。但是,更糟糕的是,这样的人几乎都很擅长责备人。他们因优柔寡断而受了挫折,却会反过来责怪人家阻碍了他达到目标。

我有时候想起那些与那位准作家有关的几位妇女,她们肯定错误地把他想象得很伟大,并且认为自己是他前进的绊脚石。"要不是我……"

决不要自作自受,招致这种无端的攻击。请记住哈姆雷特是怎样对待欧菲利亚的。看戏的人往往会忽视欧菲利亚这样的人物,但是你却不能忽视你自己。

## 当机立断者有巨大的个人魅力

媒体不遗余力地宣传、教育人们如何提高自己的魅力。宣传非常见效。但我们都知道,只有那些不落旧俗的人才会在这方面表现得富有魅力和性感。

他们的共同之处在于:当机立断,敢想敢做。性感和魅力在很大程度

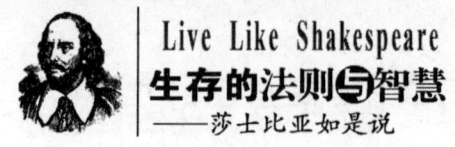

上体现为活力。

感受到年轻、朝气蓬勃，感受到自己是生活的强者，能够取得自己想要的一切——所有这些体验只能属于那些敢于决断、毫不迟疑的人。

这个人，无论是男人或者女人，都是拿生活做赌注，拿他自己做赌注的人。这个人给我们的感觉是，他总是能如其所愿地得到一切想要的东西，而这本身便够有吸引力了。

能够当机立断，就会有成功。

著名的性学家阿尔弗雷特·金西根据自己的研究得出结论：每个人，无论他的长相如何，无论他的性欲如何，总有别的某个人与他相匹配。

我也经常思考他的这一说法。无论你是什么类型的人，总有某个别人恰好需要你这种类型的人。一位很粗鲁的女人与一位很文雅的男人结婚，那男人就喜欢她的粗鲁。一位多愁善感的人爱上一位刚毅果决的人……不一而足。

但是有一天，我发现了一个例外。我认识一位既健康又英俊的小伙子，有一次，他的女友问他，与她在一起他是否没有性欲。他只是耸耸肩，既不说是，也不说不是。于是她就威胁要离开他。他已经告诉过她，她不是他喜欢的那种类型的人，但是他又希望与她保持密切的联系。最后，我特地去看望了他的女友，希望她与那位男子中断关系，她对我很是感激。

在这件事中，我意识到金西的理论错了。对于几乎每一个人来说，都有人与之相匹配，但并不是每个人都如此。

※优柔寡断这种个性对谁都没有吸引力。

※一般的人都知道自己何去何从，唯独优柔寡断的人没有方向，没有明确的目标。对于这样的人，我们根本不可能对他（或她）有什么期待。

### 为什么你要作出决断

无论怎样，作出某个决断总要比什么决断也没有要好。作出决断有很

## 第三章 坚定自己的立场
Live Like Shakespeare

多好处。那些想减少失误、不敢作出任何决断的人，什么好处也捞不到。

**如果你当机立断，你就会减少这样的想法：好像整个世界都在与你作对。**

即使一个小小的决定都会为你带来希望。一旦你采取行动，你就有可能成功，就不会认为失望总是伴随着生活。相反，你将看到失望是暂时的，甚至你将看到，生活并不总是让你感到失望。你一定会把一切都改变过来。

我记得有一位吸毒者，觉得自己已经完全沉溺其中，不能自拔，生活因此毫无希望。后来他戒了毒，却对自己的未来毫无把握。他一度想成为一名作家，却怎么也无法迈出第一步。我要他每天学五个新词汇，几天之后，一切都改观了。

任何人想改掉自己的坏习惯，只要能坚持几天，就能见成效。过去的污点不再约束着你，你也不会再去想，我是这个样子，我应该是另一个样子。

**随着自己的努力，生活定会改观。** 假如你的当机立断见了成效，好处自然有目共睹。假如当机立断，却又见不到任何好的结果，你也至少学会了某种东西。最糟糕的事是，本来应该完成的事，却由于你的优柔寡断而弄砸了，这种感受是最差的。你无法取得任何成绩，同时又学不到任何教训。唯有行动才能预期成功。

**优柔寡断不可能让你学到任何东西。**

**如果你能当机立断，你就会认识到犯错其实并不是一件坏事。** 每一位成功的人都犯过无数的错误。假如你一年当中只能作出一个重大的决定，错误看起来自然是致命的打击。但是如果你作出了很多决定，你一定会在错误中前行，获取很多教益。

### 当机立断是爱的前提

爱的冒险在于，我们总是选择一个我们爱的人，而不仅仅是与之相处觉得安全而已。我们一旦选择了那个人，或许与之相处并非像想象中的那

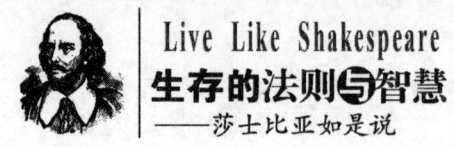
## Live Like Shakespeare
### 生存的法则与智慧
——莎士比亚如是说

样和谐。爱的冒险，或宣布爱一个人就在于：我们把自己投入可能被讥讽、被拒绝的境地。

优柔寡断的人总是等待一切。他总是追求十全十美的事，拒绝作任何冒险。犹豫不决是他的个性。他总是等着他人能有进一步的发展。要是别人减肥了，挣大钱了，或者事业有所作为了，我们再告诉自己现在可以爱他了。但是，现在已经来不及了。

莎士比亚的一首短诗经常被人们引用。这首诗告诉我们，时间就是现在：

> 爱是什么？它不可能随后到来；
> 现在的欢笑已经笑出声来；
> 将来的一切尚在不可知中；
> 耽误了这一次，可就没有下一次……

### 当机立断的三个大敌

**完美主义**。完美主义者经常这样说："时机还不成熟，我为什么要急着做！"或者是："别人会做得更好，我为什么要费心！"

当机立断的最大敌人是追求十全十美。你的脑子里总是有各种各样的理想。要是你决定上学，你就非要到第一流的大学不可，而且你坚持认为年轻的时候就该这样做。现在你一再推迟到地方大学进修一些商业方面的课程，尽管这些课程对于你工作中的管理才能方面的培养会有很大帮助，你也会因为达不到自己的理想而放弃这样的机会。

完美主义者倾向于把某个别人看做自己的角色模型和理想，这样，当有机会改善自己的生活时，他们却往往不抓住这些绝好的机会。

**害怕失败**。害怕失败会给人造成惰性。可能是因为你担心犯错误，担心出丑，担心看起来太歇斯底里。

## 第三章 坚定自己的立场
### Live Like Shakespeare

可能你会担心别人说，你怎么就与认识的第一个男朋友结婚，或者担心人家说你那么迫不及待地要接下第一份工作。但是，只有你才是这样一些问题的唯一评判者：你的选择是权宜之计还是你真心希望的。

不要因为不敢作出决定而无所事事。许多人下意识地等待着更好机会的出现。他们以为，只要自己不冒冒失失地做错了事，别人也就没有可能来取笑他们。他们看不到，真正成功并且有巨大成就的人往往敢于接触新事物，敢于接受人家的批评。优柔寡断的人，惮于自己犯错误的人，最终的下场是失败。

**需要无数的选择**。当我们还是孩子的时候，我们的好奇心和想象力最为丰富，一切都向我们开放。没有任何事情是事先就决定好了的。你可以成为一位电影演员，一位科学家，一位探险家。你可以与一位富有的人结婚，可以与一位漂亮的姑娘结婚。但是随着你的年龄越来越大，待你真正作出实际的决定时，这些可供选择的范围对于你而言又不存在了。

例如，当你决计要与某位你喜欢的人约会时，你一经与他（或她）取得了联系，也就排除了别的人选。在结婚的时候，这一点就更清楚了。每一个决定都包含着对其他选择项的舍弃——如果不是永远要舍弃，至少现在是要舍弃。有些人就是因为无法作出这样的割舍而痛苦不堪。

要作出无数的选择，就使得作出决定十分困难。如果你也碰到类似的问题，你在作决定时也一定很惶惑，好像你失去的远比你得到的要多。即使最罗曼蒂克的决定也会让你觉得，你放弃了某个别的人。

### "是，或者不是"——找到下决心的动力

要明白，无所事事、不作决定也是一个决定。

要认识到，很少有决定是不可弥补的。

当然也有一些例外，比如一个重大的健康计划。除非要冒特别有害的危险，生活远没有我们想象的那么苛刻。职业可以改变，你可以迁居，如

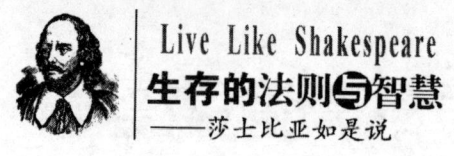

# Live Like Shakespeare
## 生存的法则与智慧
### ——莎士比亚如是说

果必要的话，爱人也可以改换。如果你是一位优柔寡断的人，你就会忘掉这一点，以为一个小小的决定也会给一辈子打上烙印。

不要责备。

如果你也像哈姆雷特那样生活不幸福，越是苛求人家，就越可能跌入无望的境地。

莎士比亚告诉我们，走向果敢行动的重要一步是，不责骂任何人，我们的恶劣环境并不是由他们营造的。在我们这个世纪，由于现代心理学家们的推波助澜，那些自己不敢作出果断决定的人习惯责备他们的父母："要是我母亲不是这样……"，"要是我父亲没有成年累月地工作，我就有信心……"。

当然，确实是我们的父母把我们降生到特定的环境中，使我们获得或无法获得各种机会。要是我们犯了错误就挨打或被家人瞧不起，要是我们在家里被视为多余的人，我们现在要作决定确实困难得多。

但是这种窘境并不是不可打破。责备另一个成年人要比责备你的早年生活更让你情绪低落。这就好像把你自己变回一个婴儿。那个责备女人妨碍自己写作的男子很清楚地表达了他没有能力把握自己的未来。

记住，任何人，哪怕他的地位何等卑微，都会遇到各种挑战。

每个人都只是个别的人。他都有一定的社会位置。

事实上，无论你做什么，总是要有妥协，别的人可能做得更糟。无论何时总有进一步改善与提高的可能。即使你的偶像，在某些方面也有缺陷，但这并不损害你继续把他们当偶像来看。

生活中的每一步都会遇到挑战。唯一的避免方法是呆在真空中。不要担心一个错误的决定会将你的瑕疵暴露出来。每个人都知道你就是你。你越不矫饰自己，就越不会碰到障碍。

作最坏的打算。

对于优柔寡断的人而言，比如选不准哪项工作、哪家餐馆或者哪件衣服，最好的建议是"作最坏的打算"。经过自己慎重的思考后，就要选定

第三章 坚定自己的立场
LIVE LIKE SHAKESPEARE

立场，采取行动，并且对可能出现的失误采取防范和补救措施。

我认识的一组好莱坞剧作家在他们的创作过程中就利用了"作最坏打算"这一策略。例如，当他们发现某部电影结尾的创意有困难时，就提出各种建议。他们会说："最坏的结尾会是……"。前三个主意确实不怎么样，但是第四个主意就非常不错。"作最坏打算"这样的建议使他们敢于冒险，并最终找到结束这部电影的理想方案。

先作出小的决定，重大的决定就会迎刃而解。

### 当机立断的生活既丰富又有意义

当机立断的生活是丰富多彩的。尽管这意味着会比优柔寡断犯更多的错误，但是更多的错误并不见得就是一件坏事。

敢于决断，表明这个人敢于接受失败。这个游戏的一部分是学会原谅自己。就像莎士比亚提醒我们的一样，即使我们当中最杰出的人也是从错误当中"走出来"的。

要记住，只要尽了你的能力，小小的挫折是不足道的。最大的失败是你不敢尝试，不敢展示你真正的能力。即使别人看不到这一点，你也应该有这样的信念。

没有当机立断，就不会有充实的人生，不会有爱，也就不可能拥有快乐和宁静。敢于当机立断的人的座右铭非常简单：抓住现在的时光。

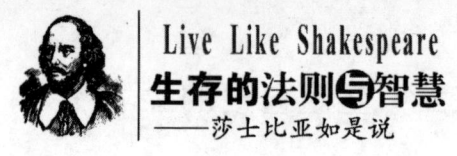

# 法则二　不要活在他人的情绪中

不要为了维持良好的关系而养成忍气吞声的习惯，这样做没有好处。假如你真的认为对方既粗暴又卑鄙，不要迁就他，让他注意到自己的恶劣品格。

在都铎王朝时代，也就是莎士比亚生活的年代，如果在国王或王后身边服侍时出了点乱子，那就大事不好了。那些进出宫廷的人需要非常小心，对王室不忠会招致自身性命不保、家族受辱的后果，即使对国王有些微不恭，例如无意中的一个动作，也可能使他们家破人亡。惩罚并不是依据事件本身的严重程度来定，而是根据统治者当时的情绪变化而定。

假如你有什么话想跟国王或王后说，为了小心起见，你得瞧准哪会儿他们的情绪不错。

国王的近臣每天都比较、琢磨着国王的情绪。当国王亨利三世的统治顾问们获悉国王所钟爱的年轻妻子凯瑟琳·霍华德向国王隐瞒自己的不贞时，这些顾问们思量再三：由谁去向国王禀告——或者说要不要禀告。

他们最后决定，如果国王最终知道了这件事，发现大臣们欺瞒自己，他们的境况就会越发糟糕，于是他们选择了一名最忠诚的人去向国王报告，这个人被大家一致认为对王室的事没有任何兴趣。

托马斯·格兰默，这位坎特伯雷大主教就这样被选出来向国王报告消息。格兰默当时虽然很有地位，但是当他在一个小教堂执行完仪式，并将

第三章 坚定自己的立场
Live Like Shakespeare

写着这一消息的小纸片递给国王时，不禁心惊胆战。他也很希望国王仍然沉浸于刚才进行过的祈祷当中，不致毁掉自己的生活。

由于这一计划的成功，只有四个人被砍了头：凯瑟琳·霍华德，她以前的两个情人和她的女佣。格兰默本人直到玛丽女皇执政时才被执行火刑，活活烧死在木桩上。

### "国王紧闭嘴唇"综合征

今天，有成千上万的人生活在他人的情绪中。对于大多数人而言，这个"他人"就是他们的老板。当然这个他人还可能是一位代理人，他们的主要客户，他们的老师，他们的银行主。对于某些人来说，他们的爱人的心理状态决定着他们的生活。他们自身的安全感完全是随着另一个人的脾气的变化而变化。

这种对他人的心理状态的依赖，无论被证实还是没被证实，都可能极其强烈。甚至有些很成功的人也不免有时成为它的牺牲品。这种事大多发生在我们需要他人的时候，例如在谈恋爱时，即我们祈求他人的爱时；又如他人决定我们的工作机会时。

这种依赖性经常能被察觉到。例如某个对我们来说很重要的人物，以残酷的手法对待我们。而且我们在遇到这样的情况时，往往会失去自尊。

当有人问"别人会如何看待我？"他们实际上已经隐隐知道自己是被他人的情绪牵着走。

"我进去的时候，我的上司恼怒地看着我。我猜想他刚放下电话机。我心里想这可能不是递交报告的合适时机，于是返身下楼，回到自己的办公室。"

"当他们从会议室里出来时，我的老板神情凝重，也没跟我打招呼。我猜想，他一定告诉大家，要把我撵走了。"

"我妻子下班回家时，就躲着我。我想她肯定是厌烦我了。"

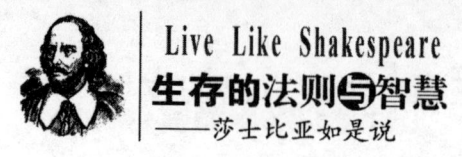

这些人一旦从那些对他们而言特别重要的人的表情中看到了异样的东西，就会把自己也拉进竞猜游戏之中。

这颇类似于莎士比亚的戏剧《理查三世》中的情景。理查三世就像任何一个英格兰统治者一样残忍，至少在莎士比亚的著作中，我们可以看到这一点。他被人民视为暴君，他的表情同时暗示着生和死的选择。理查的宫廷侍从在接近他时，肯定要先研究他的表情。

关于这一点，莎士比亚通过一个臣仆的恐惧话语传达出来：

国王发怒了，看，他紧闭着双唇。

每个人听到这种话都会莞尔一笑。我引这段话，意在让这些人知道，他们实际上也是这样做的。他们应该意识到，现在该是停止如此行事的时候了，这对他们本人有好处，对建立良好的人际关系也有好处。

在与具有此类综合征的人打交道时，最重要的事情是，千万不要让这些人在那个时候对自己的处境作出评价。很明显，当他要求我听取他的所有情况汇报，并且对他所处的关系作出评判时，我是不能屈从的。相反，我必须帮助他看到这一行为的自我毁坏的程度。

**症状**

这种综合征具有以下症状：

❈ 迫使自己研究他人的情绪，观察他的眼部表情，甚至每一个细小的举动，以确定他是赞同你，还是反对你。他表扬你，或者对你不予理睬，这些都会将你推向失望的深渊。

❈ 与这样的人打交道，你往往会失去自尊，好像自己做错了事、拒绝了合法的问题或合理的要求。

❈ 你可能担心自己完全暴露在人家面前。你的需要使你屈服于他人。

❈ 你陷于各种各样的矛盾之中。

## 第三章 坚定自己的立场
## Live Like Shakespeare

❋你发现自己正在等待合适的时机发表自己的意见。

❋你过分地关注自己如何与那人打交道。你一点也不自在。

或许，你与那人之间的关系确实出现了问题，或许不是，或许这只是你与任何一位有权威的人交往过程中发展起来的习惯。无论是哪一种情形，都是极其可怕的，你应该感觉到很危险。

当你想帮助某个人提升他的社会地位或者帮助他获得一定的社会声望时，以上这种危险就会对你产生很大的伤害。这个人可以是你的爱人、你的老板，甚至可以是你的孩子——现在你必须依着他的脸色办事。即使你在事实上没有帮助过他，你的爱、你的奉献已经使你把那个人放到你心目中比你更重要的位置上。看起来是你促成了这件事，但是你现在却需要那人的笑容和赞许，这会让你感到生活的完整和充实。

这一行为有什么错？

很明显，绝不能像对待国王那样对待他人，也不能像对待忠诚的奴仆那样对待自己。你不必为了讨取他的欢心而忘了自己的身份。

❋如果你那样想，你会感受到自己在降低身份，你会感到自己是不重要的，你的行动只会变成一面镜子，反映出他人的希望或者你自以为反映出别人的希望。

❋最糟的是，如果你一意孤行，会变成一位妄想狂，最终失去自己的个性。

有一位上校军衔的战争英雄，受雇任顾问一职。他的工作是解决管理中的各种麻烦，检查纪律松懈和不诚实的雇员。很快，这位上校就与他的"主人"在人格上等同了：他思忖着主人的每一个愿望，为他争取最多的收入。他既在雇佣和解雇方面成为"主人"的参谋，同时还介入主人的私生活，试图在这方面帮助他。他已经完全了解他主人的愿望。随着他的地位的提升，他甚至有权用主人的信用卡为主人买衣服。

他把自己的地位、金钱和社会生活看做与他的老板密切相关，甚至完全依赖他，因而完全失去了自己的身份。要是他在一家商店看中一条领

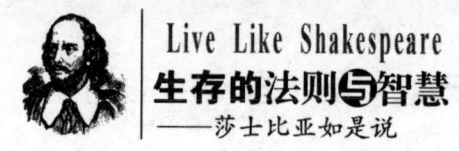

带,他不是说:"我喜欢这条领带。"相反,他立即会想到,"他会喜欢这条领带"。他自己的个性已经没有了,最后,他只好辞去工作,以恢复和保持自己的精神健康。

❋ 老是想着别人的意愿,会剥夺你的想象力和独立性。

❋ 你会感觉到,无论你已取得什么样的成绩,要是那人撤去对你的支持,你就会变得一无所有。

对于受伤害者而言,更为重要的是,凭着这种方法,你不可能与那人有良好的关系。

相反,你会觉得这一切显得非常生硬,而别的人以后也能看穿这一点。

❋ 你看上去像是一个没有自我意识的人,或者是一个没有主心骨的人。因为你确实不是。

❋ 而且你也开始让人觉得不是一位值得信赖的人,不宜接手这样的事。一旦别人怀疑你的所作所为,他就会放弃对你的尊重,把你贬斥为攀权附贵者。你还不如安心做自己的工作。

**治疗**

你可以设想,你现在就在理查三世的宫廷里——假如你患了"国王紧闭双唇"综合征——在你变成妄想狂者、毁弃你的心灵安宁和各种关系之前,必须首先采取行动。

与其他的方法不同,这里你必须采取具体的行动。无论你有什么不好的习惯,都必须抛弃它们。即使很小的不良习惯也会使你心理失调,但如果你能准确地遵循以下的规则,你将让自己得到解放。

1. 不要细想那些最糟糕的事

必须与这种想法作斗争:"要是老板对我的主意不感兴趣,我该怎样才能还清那些抵押贷款?""我拿什么去买衣服给孩子穿?"突然之间,你会想到自己站在大街中间,大家都用怜悯的眼光望着你。

## 第三章 坚定自己的立场

我有一位朋友，是那种在工作中独闯单干的人。他预计自己要被解雇，因此一个星期五，他收拾好桌子上的东西，准备辞职，但是第二个星期，他又回到办公室。他没有将精力集中在他的画图设计工作上，而是幻想着老板对自己的偏见，于是他觉得以后的工作也无望了。他的老板实际上是一位非常善解人意的人，他找到这位雇员，坐下来与他交流，探讨如何在期限到来之前完成任务。

你会觉得这样的想法会在不经意间出现，但是每次你意识到它们时，可以不去想它们。

你越是与这样的想法作斗争，就越不会受到它们的束缚。

**2. 不要迁就他人**

你要加入的游戏有一个前提：这一游戏本身是好的，你也足够良好。这样你就会给你自己以信心，同时它还会传达出这样的信息：你是独立的，也是有价值的。相应的，你也会更重视自己，别人也会更欣赏你。

**3. 不要去想人家如何看待你**

不要花时间猜度他人的情绪，不要对自己所说过的话反复进行评价，也不要过分地关注自己是如何应对的。

最初的几步就会让你从这种感觉中解放出来。

一个学护理的学生，废寝忘食地工作，早上四点钟就起床。有一天十点钟时，她坐在护士室里休息，浏览着一张报纸。

正在这时候，监督人员来到护士室。护士的第一反应就是把报纸塞到桌子底下。但随后，她又觉得自己其实没做什么错事，这是她的休息时间。监督人员向她微笑，与她作了简短的交流，很明显，他承认护士有权利在合适的时间里休息。

这一件小事成了这位护士的重要转折点，她觉得这件工作更有意义，她觉得自己被人理解，以前所有的妄想也烟消云散了。假如她把报纸藏起来了，这就会加大她的恐惧，并且引起她的妄想：她的监督员一定是一位"暴君"，他一定不喜欢她。

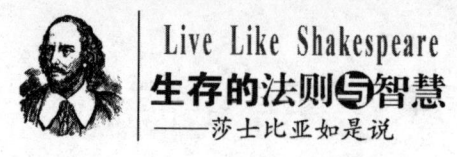

4. 不要与他人交换这样的意见：你的感受如何，他们的经历又如何

这样的行为除了会加强你的焦虑外，也会向他人泄露你对于危险的恐惧。

如果人们没有把你的地位当一回事，你的这种行为表明你在乎自己的地位。此外，人家跟你说的往往有错，他们或者故意误导你，或者像你一样，他们也很焦虑。

5. 不要幻想得到任何类型的保证

如果你很着急、焦躁，这时老板的秘书告诉你，你很出色，你甚至不会相信这是真的，你会想，"很显然，这位助手已经知道我要被解雇"这时候，你又会增添某种恐惧：你的担心一定会变成现实。

6. 尽量不要回忆你与某位重要人物的谈话，不要重新解释它们，也不要留意一些细微的暗示

由于你有某种幻觉，你才是对自己的身份作出判断的最后一个人。如果你把这些谈话重新回忆一遍，你会空想出一些细节，凭空增加你的恐惧。

7. 不要因为你在意对方，特别因为对方是你的爱人，而忍受各种折磨

不要为了维持良好的关系而养成忍气吞声的习惯，这样做根本没有好处。假如你真的认为你的爱人既粗暴又卑鄙，不要迁就他，让他自己也注意到他的恶劣品格。

要注意，对于那些不可能以爱和尊重相回报的人，你用不着作太多的让步。可能那人把你对他的尊重和爱看做是应该的，并习以为常，他用不着因此感激你。在你这方面，你要认清你与他的关系，看清楚他是如何看待与你的交往。

这样，你就会更幸福，也会有更良好的感觉。如果最后证实他确实不爱你，不尊重你，至少你不再有一种被欺骗的感觉。在这种情况下，你曾经爱过，又失去这种爱。但总比无时无刻地依赖他人、憎恨你自己要强。

## 第三章 坚定自己的立场
Live Like Shakespeare

**8. 设想自己与一位善意的朋友交往**

想想这样一个人，你可与他尽情地、自由地交往，并且你也可以向他自由地发表你的看法。认真地考虑一下你与他交往时是怎么做的。

当你与一位对你来说很重要的恋人、老板或者朋友相处时，你也用同样的方式对待他们，并且同样自由地与他们交流思想感情。你可以问自己，你是如何向一个值得信任的、有活力的朋友传达你的想法的。不要把别人当"国王"看待，要把他们当朋友看待。

不要再生活在对他人心理的揣摩之中，你要把精力用到如何使自己获取完整的人生上。

**9. 当你作了以上所建议的那些改变后，看看你的感受如何**

通过研究你自己的感受，你将能断定，在你对"国王"焦虑的同时，还有一种更深的恐惧。你会发现被一种莫名的恐惧所包围着。如果你仔细检查这些感受，你会发现，它们事实上指向一种深藏着的恐惧。

你会发现，你所怀疑的东西实际上是错误的、子虚乌有的。例如，你担心老板对你的工作不满意，其实你会发现你怕自己让同伴们失望，他们施加了某种压力，希望你工作出类拔萃，并且升迁到更高的职位上，而你自己根本就没想过要得到这些。

或者你不自觉地感到老板很后悔雇佣了你。可能是你的履历有夸大其词的地方，或者你根本就没有像你所说的那样接受了那么高的教育。这种对自己的不诚实的恐惧感受，以及随之而产生的妄想，会比实际上已被揭发出来对你更有害。

无论你担心什么，你都冒过险了。继续拿你自己做赌注。不要再顾忌老板的情绪。努力工作，抛弃一切妄想。

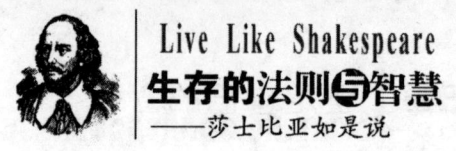

## 法则三　要看得起自己

　　归结到一点，谦卑往往会被过分地表达，从而成为虚伪的掩饰。要注意，别让自己越出合适的谦卑界限，进入到虚伪掩饰中去，那样的话，人家也会唾弃你。

　　就像我们一样，莎士比亚的自我评价也是每天不同。他的十四行诗表明，有时候他把自己看做是一位伟大的作家，他的著作会流芳百世：

　　　　不是大理石，也不是碾磨过的石碑，
　　　　永远流传的是这些不朽诗篇。

　　在其他时候，他又感到自己纯粹是一个无能者，缺乏想象力：

　　　　为何我的文章如此枯燥乏味？
　　　　没有起伏，没有变化。

　　我们尽管不是诗人，但在对自我进行评价时，也能感觉到这种急剧的变化。即便我们非常冷静，我们对自己的智慧、能力等等的评价也会反复无常。

## 第三章 坚定自己的立场
LIVE LIKE SHAKESPEARE

### 创造你自己的形象

对于个人的形象，有欣赏，也有贬损，就像我们可以欣赏和贬损一部汽车、一幢房子一样。

你给人家的印象和暗示如何，人家就以这种印象和暗示来看待你。你对自己的表现如何评价，决定了人家是如何评价你。

许多人花费很多时间辛勤工作，期望能够取得成绩，获得地位，以显示自己的身份。对于有些人而言，他们的身份就在他们的成功之中——在他们的"经理"头衔中，在他们的智商中，在他们的博士学位中，在他们稳固的家庭中。还有一些人用他们拥有多少钱或其他东西——如珠宝，名贵的礼服，特殊的厂家制造的汽车，豪华住宅等来衡量身份。他们选择了这些身份标志，借以向他人显示他们喜欢的生活形象——即他们是性感的、健壮的、年轻的或者是有成就、有名望的。

贬损你自己，不值得高兴。

把自我评价与职位的升迁或财产的多寡联系起来考虑的人特别关注保护他们的已有财产。我们也看到，有些人在公司里上班，待遇很差，还不肯换另外的工作，他们不想让外人知道自己的苦恼。另外一些人大肆挥霍，以显示他们的经济实力。还有一些人为了让人家感觉到自己和睦，而勉强维持不幸的婚姻。

然而，就是这样一些人认为，如果降低自己在公司里的地位，忍辱负重，从而赢得别人的尊重，也不愧为一种良策。有些人这样做，是为了让人家觉得他还年轻，他很谦逊，他很大方。另外一些人之所以这样做，是因为他们在潜意识里想抢在对手之前做成某件事。

有位妇女，她明知自己身材臃肿，不适合穿一件很小的礼服，却说，"啊哟，我今天怎么这么肥。"她想通过这种说法在听者的心里产生一种印象：她本来不胖，其实很苗条。通过这样与事实相违的极端描述，她希望

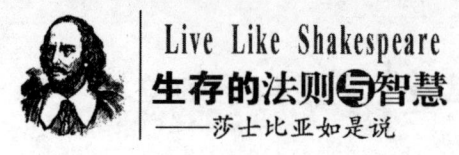

把自己想象为比真实的她更苗条。

这位妇女或者希望听者能认可她的说法,并加以赞许。或许她只想平衡掉他人可能有的相反的想法,即她实在太胖了。

但是,这位妇女貌似隐蔽的策略却存在着很大的问题:

※首先,人们会感到自己被奚落了,他们会因此感到非常沉重。显然,这个例子中的这位妇女要求他人认可她的意见,从而带给他人以压力。

※其次,开始的时候,无论人家对你采取了怎样的认可态度,你从反面角度描述和表达自己,反而让人家知道了你的真情,很少人笨得连这样的反话都无法分辨,特别是他们如果一开始就已经注意到这一点。

如果你想给人家一个好的印象,得首先给自己一个好印象。——这就需要对自己作正面的评价,而不是从反面去掩饰。

最终的目标是你要让你自己满意,你要对自己有一个稳固的、合适的评价。

归结到一点,谦卑往往会被过分地表达,从而成为虚伪的掩饰。要注意,别让自己越出合适的谦卑界限,进入到虚伪的掩饰中去,那样的话,人家也会唾弃你。

正确对待那种说"哦,我不善于……"的个性。

从另一个角度上讲,如果你看到某个人过分地贬抑自己,你该怎么做?

我们大多数人一见到对方贬抑自己,就会很不自在。但是,我们也可以设想,如果是你的老板或某位你想与之建立良好关系的人贬抑自己,你就会信心倍增。

相反的情形同样也是正确的。这里有一种隐秘的心理学法则在起作用。你在场时,某个人贬损他自己,实际上是在下意识地把你视为敌人。

这时候,你就有机会看到这个人最卑微的时刻。

在这一时刻,他或者她的心目中自有你的位置。但是过了这一时刻,

## 第三章 坚定自己的立场
Live Like Shakespeare

他就会想从你这儿逃避开来,并从别人那里重新取回他的信心。人们总是喜欢到他们能得到最良好表现的地方去。

你在场时,故意表现得卑微的人,由于别的缘故,他也可能会不喜欢你。在他重新对这一切作反思的时候,他会意识到,正是由于你,他丑陋的一面被揭发出来。如果不是因为你说了某些话,那一定是因为你的某个行为,或者干脆就是因为你的在场,使他产生了一种对比心理。一位妇女在说自己穷,是因为你有好工作,她说自己老,是因为你表现得那么有青春活力。事实上,你或许比她想象得还健壮,还有活力。

所以,要阻止他们。

如果可能的话,阻止他们在你面前贬损自己。

### 自我贬低绝不是一个好习惯

有些人习惯贬低自己,他们经常会说,"可能是我错了,但是……",或者"我知道,我不太聪明,但是我……"。

一般来说,如果不指出这一点,他们甚至不知道他们正在这样做。这样的习惯真可谓根深蒂固。我经常让他们自己注意到这一点。有时候,我会问一个人:"看一看,你讲了一大段话后,是否可能完全不贬低自己?"事实上他们往往做不到,而他们一陷入自我责备的时候,我就帮助他们指出这一点。

有时候,在帮助他们意识到这一习惯时,我还运用一种名为"欲擒故纵"的技巧。

我的朋友刚说:"我知道我笨,但是我想……"。

我就会说:"你怎么想没关系。你确实笨。"这时候,我们都会大笑,但我确实点中了要害。

你想驱走这种坏习惯,但是它会像内心中的天敌,又将你打垮。我常常把这一点解释给朋友听。

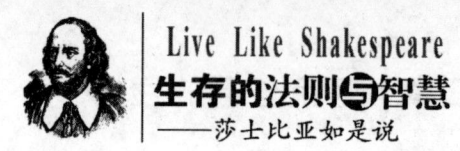

同时,我还补充说,"你可以设想,与我们一起在这所房子里的还有另外一个人,譬如你的一位朋友,现在以他的口吻说出你要说的话,'你是笨人,可能是你错了。'"还有一个例子。一位妇女说了这样的话,"我真是个老女人,但是我想,什么都无所谓,"我就对她说,"设想这样的话是别人对你说的"。

很明显,那些自贬的人一旦转换角度,就不允许别的人来贬低他们。

他们都同意,"说这样话的人对我们都没什么好处"。

我也是在研究了戏剧《哈姆雷特》的一段精彩文字后意识到这一点的。

## 决不要把自己当做想象的敌人

哈姆雷特的朋友赫拉提奥其实是一位学者,一位很有成就的青年,他有个坏习惯,经常贬低自己。他称自己是一个"逃避责任者",也就是说没有完成自己的任务。

但事实绝不是这样。他是哈姆雷特忠诚的好朋友,他忠于职责,无可挑剔。

哈姆雷特阻止了赫拉提奥的这种自贬。哈姆雷特告诉赫拉提奥,要是某个别人说他这样的话,哈姆雷特是绝不允许的。哈姆雷特会阻止那些当着他的面有损赫拉提奥名声的任何言论。

事实上,哈姆雷特在这里是说,绝不要想让我来攻击你。

> 我不想听你的敌人这样说,
> 我也不想听你这样说,
> 你其实是在贬损你自己,
> 我相信你不是一位逃避责任者。

## 第三章 坚定自己的立场
Live Like Shakespeare

哈姆雷特的这番话包含着这样的意思：让赫拉提奥听这样的话真不公平。

贬损你自己，就是贬损你所爱的人。

许多人在与他人开始确立关系时就贬损自己。他们知道这有点不诚实，也担心被人看穿，于是他们就用最坏的话说自己。这实际上是一种先发制人的手段，首先不让他人有责备的余地。

有人谦虚地说到自己的收入，"我本应该挣得更多"。

女人们贬低她们的外表时会说，"我向来觉得我的个子太高了，这真让我有点儿难堪"。

或者他们用一种过去时态来说。"过去我是个跳舞能手，但是我好久没练了。"

选择人想在别人的心目里留下这样的印象：他们很笨拙，他们赶不上时髦。

很重要的一点是，当你与你的爱人相处时，你贬损自己，实际上也就意味着你在贬损你的爱人。人们都希望自己所选中的爱侣是人家所嫉妒的对象，而不是人家所可怜的对象。他们当然不喜欢听到他们的爱人说，"你可以找到一个更好的人，没有人会喜欢我这样的人"。

当你的父母或者某个你亲近的人贬损自己的时候，他们也会让你觉得自己很无能。好像本来你可以帮助他们，但是你却没有做到这一点。

### 一些基本要领

**1. 任何表现都可以被贬损**

无论你的表现如何好，你都可以夸奖一番，借以增强你的自豪感。同样，即使你的表现已经非常突出了，你也可以诋毁它，并且贬损你自己。

甚至一件事的成功已经有目共睹了——例如某人做了一顿美味的饭

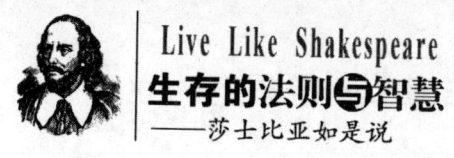

## Live Like Shakespeare
## 生存的法则与智慧
——莎士比亚如是说

菜——它也可能因为厨师贬损自己而使人食之无味。

最近，我到一位朋友家吃饭。他爱下厨，为我们做了一顿可口的饭菜。但是，他还不断地向我抱歉，说这顿饭做得实在太差了，他不是一位好厨师。他不断地说，要是他的妻子在家就好了。结果他的这番话让我下不了台，因为我真心夸奖他这顿饭菜做得好极了。

一定要记住，贬损你自己没有任何好处。人家不想老是要来鼓励你。而且如果你经常贬损自己，人家也会注意到原先没曾留意的你的缺点。

### 2. 表扬的实际作用

看看下面这件事情。有位妇女在别人表扬她看上去很漂亮时说："非常感谢。"她传递出来的是对自己的正面评价。那个表扬她的人会为她的回答感到高兴，并且觉得这位妇女更有吸引力。我们喜欢别人认可我们的结论。

第二个妇女在听到同样表扬她的话后却用一种哀诉的语气反问，"你是这样想吗？我一直拼命地在减肥，我想我还能再轻十英镑。"这位妇女事实上告诉别人，自己一点也不吸引人。别人得到了这个信息，就更倾向于从这种观点看待她。他也感到自己表扬她的话实际上是蹩脚的恭维，以后再也不敢这样说了。

还有另外一个例子。有一位男子听了人家的表扬，说他完成了一件了不起的工作。他说："谢谢你。我还得益于部里其他人的帮助。"他同意自己做了一件很伟大的事情，他也为此感到骄傲，同时他也为他的同事们感到骄傲。他在人家告诉他之前就知道这项工作做得不错，他是否真的完成了它或者说他监督这项工作的完成与表扬他的那个人无关，这个男子也知道这一点。

我们期待着这位男子取得更大的成绩。通过合适的自我评价，他也引导了他人如何评价他。

### 3. 阻止别人贬损他们自己

尽可能不要苟同他们，但是也要表达清楚，自己不是要与他们作对。

## 第三章 坚定自己的立场
### Live Like Shakespeare

例如，父母会说，"我们老了，这条沙发的寿命比我们还要长，为什么还要新买一套？"

很多父母经常郁郁寡欢，贬损自己，说自己年纪大了，让我们觉得难堪。他们常说："我甚至与40岁的我都不一样了。婚礼上也没有人想与我跳舞。"

当与我们亲近的人用这种方式说话时，我们就会觉得想不出合适的话来赞许他们，使他们不致沉溺于自贬之中。我们说他们善良、聪明，绝没有吹捧的意味。

如果某个人贬损自己，又贬损到你，你就需要用一种直接的方法来应付。你可以直接告诉那人，你不喜欢听他用那种方式跟你说话。或者你也可以委婉地告诉他，他的那种说法只会在他的心里留下一些负面的印象。你也可以补充说，你不听他说的那些话，他那样说对你不公平。

但是，一旦某位同事或老板说，"我处理事还可以，对待人却不行，"这时你该如何应对？

在生意场上，人们对自己的贬损是个大忌。那样的话，他们就会经常散布一些对自己不利的话。其实许多人要是听到人家这样诋毁他们，他们也会发怒的。

显然，商家对自己的贬损要是让顾客知道了，那就是犯了最大的错误。"我们要倒闭了，"说这样话的人显然心底里希望一切都能正常起来。商界确实有很多这样的人拿自己过意不去，从而损害了商业利益。

运用哈姆雷特的方法，阻止别人进行自我攻击，从而让别人对他自己有一个更好的感觉。

人们会因此而感激你。这样既鼓舞了他人的志气，也改善了你与他人的关系。就这样说，"嗨！别这样了！我不想听到你贬损自己。"

即使对方是你的老板或上司，你也可以这样应对。很多人会因此反对你，他们更多地会因为你的率真和忠诚而感动。

当然，这并不能保证他们会因此不再自贬。但只要你反复这样做，他

们最终会认识到这一点。即使他们没能认识到,你也做了你的分内事,而且你不任他人随意摆布。

记住,不要成为自己的敌人。不要讲那些让你的敌人高兴、让你的朋友丧气的话。

第三章 | 坚定自己的立场
Live Like Shakespeare

## 法则四　对待失意人要隐藏锋芒

　　她的出现本身就"告发"了他们自身的懒惰和懈怠。他们一见到她到来就觉得她给他们带来了人格上的侮辱。她的到来告诉他们，要为自己的生活负责任，要比现在做得更好些。

　　几年前，我的美国朋友卡萝琳来我家，她说她遇到了一个非常奇怪的问题。她来我家时刚过了圣诞节。她也是刚从俄亥俄州度假返回中国，俄亥俄州可以说是她的故乡。这次她在那里与家人共度了一个星期。当她还是孩子的时候，她与兄弟姐妹们相处得很不错，在当地也有不少要好的朋友。今年她回去时带着大堆大堆的礼物，希望看看刚出世的外甥和外甥女。

　　但是俄亥俄老家的人，包括家人和朋友对她很冷漠，让她大感不解。

　　卡萝琳不能理解，为什么大家对她的反应会是这样。她虽然已经有三年多没回老家，但是她一直与每个人保持着密切的联系。每一个人的生日、每一次节日，她都寄去精美的礼物。

　　我就问她，哪些人对她表现得更冷淡，哪些人则比较热情。我们查看了一下名单，发现对她冷漠的人和热情欢迎她的人之间确实有重大的差别。

　　重要的差别在于，那些以为自己的生活比较成功、比较幸福的人对她比较友好，其他人则不然。

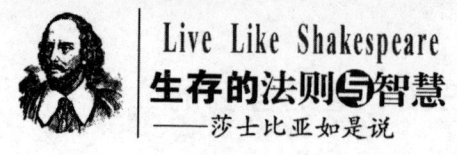

卡萝琳来自一个充满爱意但是气氛沉闷的家庭。家里没有足够的钱供孩子们接受高等教育。只有卡萝琳和她的一个妹妹上了大学。她们刻苦工作，利用晚上休息时间念完了大学。

卡萝琳来到纽约，在过去的十年里生意做得红红火火。在激烈而残酷的市场竞争中，她赚了很多钱，兄弟姐妹们也认为她是富婆。但是她本人并没有因此炫耀过自己，她一心想的是帮助家里人摆脱贫困。很清楚，只有她才能做到这一点，家里别的人则没有这个能力。

她父母退休后，现在主要由她负责赡养，另外两个兄弟和两个姐妹帮不上什么忙。她的一个姐姐和两位兄弟这几年也没赚到什么钱，找到的工作又发挥不出自己的特长，一切都不怎么顺利。一说到学校教育或其他被他们视为"高贵"的东西，他们就会避开话题。

只是卡萝琳的另一个妹妹还很活跃。她现在有一个完满的家庭，又有一份满意的工作。这个妹妹与其他的兄弟姐妹截然不同。

卡萝琳注意到，她的兄妹甚至现在还必须依赖她的父亲，会故意与她保持一定的距离，并且不时地讥讽她。他们谈论别人的生日聚会，谈论圣诞老人或其他无关紧要的人，就是不问卡萝琳的生活。只有她的母亲和她的一个妹妹对她的到来表示了热情的欢迎。

卡萝琳与母亲和妹妹的谈话老是受到其他兄妹的嫉恨。他们一有可能就无端抨击卡萝琳。卡萝琳的母亲表扬卡萝琳的外表，没等话说完，她的一个兄弟就插嘴说："你有钱，这事当然容易了。"

卡萝琳有一种感觉，别人都希望她早点离开，她心里格外地难过。

开始的时候，我想可能是她的兄妹和朋友看到她发迹了，出于嫉妒而疏远她。

但是莎士比亚提供了一个很好的解释：

卡萝琳的成功，甚至她的个人活力使这些人看到了自己不必要这么无望、这么怠惰。其他人也早应该像这两位姐妹一样努力工作，好好学习。他们也可以争取到富有挑战性的工作，尽可能地发挥自己的才能。

## 第三章 坚定自己的立场
Live Like Shakespeare

卡萝琳的成功告诉了他们，生活原本应该过得更好——他们应该拥有更好的生活。她所取得的成功，她所拥有的活力，其他人只要付出努力，排除障碍，也照样能做到。

她的出现本身就"告发"了他们自身的懒惰和懈怠。他们一见到她到来就觉得她给自己带来了人格侮辱。她的到来告诉他们，要为自己的生活负责任，要比现在做得更好些。

莎士比亚在《哈姆雷特》里引入了"告发"这一观念和"告发者"这一人物。

在剧中，哈姆雷特因为迟迟作不出决定而痛苦不堪。他的父亲被人谋害，按照那个时代的伦理，作为儿子，他有义务为父亲报仇雪恨。但是，他不断推迟行动。在大部分时间里，他鼓不起勇气，时常处于举棋不定的状态。

很多时候，哈姆雷特也像大多数人一样对自己的表现很不满意。但是他们不去责备自己，而是找出别的原因，证明自己为何这般无能。像哈姆雷特一样，他们埋怨这个世界太不公道，太让人失望。他们总是试图说服自己，没有什么可以努力的了，对于别人来说也是一样，即使努力了，也没有用。

但是，就在这种情感上的逃避责任者还沉浸在自己编织的谎言之中时，有人出现在哈姆雷特的生活中，他的出现证明了哈姆雷特不是已经无事可做，而是有很多尚需努力的地方。

在哈姆雷特这一例子中，主要的"告发者"是福丁布拉斯，一个与哈姆雷特年龄相仿的年轻人，他也是一位王位继承者，是国王的侄子。

福丁布拉斯来自邻国挪威，他不像哈姆雷特那样动摇不定。他已经用实际行动证明自己是一位英勇的将军，而且他不断振作，敢于改正自己的小错误。

哈姆雷特变得越来越脆弱，甚至关系个人的紧迫事情也无法让自己振作起来，与福丁布拉斯存在着明显的对比。福丁布拉斯带领军队穿过丹

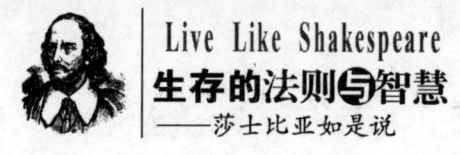

麦,准备不惜牺牲自己的生命,也要争取一块他自认为是挪威神圣不可分割的领土。

看到福丁布拉斯,哈姆雷特也意识到自己的无能。哈姆雷特说,是福丁布拉斯的勇气和精力"告发"了他自己,使得他不能再掩盖延迟复仇的事实。

福丁布拉斯并不知道自己对哈姆雷特有这样的启示作用,但是他确实启示了哈姆雷特。他的出现就是对哈姆雷特的责备。福丁布拉斯告发哈姆雷特,使他的犹豫不决被公示出来。

哈姆雷特对自己说:

> 这一切是如何地告发了我,
> 使我重新激起复仇的欲望!
> 他是怎样的一个人,
> 要不是他,
> 我还照样饱食终日。

哈姆雷特拿自己与福丁布拉斯作对比,总结说:

> 哦,从今开始,
> 我的思想要么充满血性,
> 要么一文不值!

无论什么时候,如果你有犹豫不决的问题,例如你觉得自己不大干净而对自己不满意,或者像哈姆雷特那样,你一再拖延你本来要做的事,你一定也会遇到"告发者"。

告发者是这样一个人,他处于跟你同样的境地,甚至比你还差,但是他通过自己的努力克服了诸多困难,现在他正向着你挑战。

第三章 坚定自己的立场
Live Like Shakespeare

那个人也许不了解你的情况，但是他或她的出现和成功，迫使你面对自己的缺点。

有人告诉你说，你贬损了自己。就像卡萝琳的兄妹一样，你看到别人从贫困中走了出来。或许你看到某个人只用了更少的时间做出了比你更多的成就。

## 如何识别心理学上的"告发者"

你通常可以这样识别一位"告发者"，他一在场，你就浑身不自在。你可能不喜欢那个人，但不知道为什么。

经过思考，你会认识到那个人完成了某种你也想完成的事业。

你会为揭发自己的弱点而感到震惊。

下意识地，你会把心理学上的"告发者"视为不受欢迎的信使，是他告诉了你要为自己的失误负责。

你本能地不喜欢他或她，因为这个人使你无法再为自己的错误找借口。

告发者也许不想伤害你，甚至他不知道他会对你的生活产生影响。

卡萝琳不知不觉中"告发"了她的兄妹，但是她无意让他们对自己的生活感到难过。她渴望接近他们，不想对他们生活的成功和失败作任何判断。

当我们告发他人时，会无缘无故招来他人的敌意和反对。

你是他人的告发者吗？

理解了告发者的本性，也可以让你知道，有时候尽管你没做错什么事，别人也会不想见到你。

我的一位远房姑姑，婚姻很不幸福。与她一起生活了22年的丈夫，因为事业发迹而抛弃了她。她带着两个孩子，经济资助也很少，但是52岁的她还有一份很好的工作，孩子也得到很好的教育和培养。她虽然没有了丈

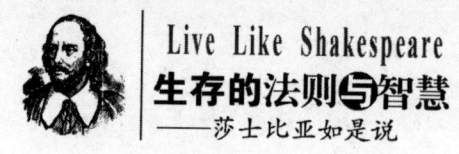

## Live Like Shakespeare
### 生存的法则与智慧
——莎士比亚如是说

夫，但是生活幸福、富足。她的两个多年的好朋友婚姻也不美满，于是对她有一股怨气。

这是为什么？两位朋友都想着要维持她们的婚姻。其中有一位的丈夫整日不跟她说一句话，另一位的丈夫则绯闻不断。她们都说这种不幸的生活是因为有孩子。

那位姑姑的勇气和成功告发了她们。这使得她们动摇了原先的信念，并对自己的选择进行重新考虑。

你可能无缘无故地、不知不觉地告发了他人生活的各个方面。

别人也不可能理解他们为什么要对你发怒。人们对自己失败的否认是很难鉴别的。

但是他或她在潜意识里觉得你代表了与他们相反的选择。用一位诗人的话说："你为他们竖起了一面镜子。"

你做对（而不是做错）了什么？

当你发现别人无缘无故地蔑视你、规避你的时候，你问问自己，做错了什么事，让人家这样伤心？

你经常会发现，你没做错什么。在很多情况下，你们真正认识之前，你就让他伤心了。

接下来，问你自己，"我的什么成就给人家带去了痛苦？"

可能很简单，你用的词或所说到的领域是对方所不知道的；或者你的自由的生活方式是那位憎恨你的人所没有的；可能你很开放，又很开心，你不想结婚，只与他人同居而已；可能你生活比较阔绰。人们看到这些就恨你。

在另一种情况下，他人因看到你轻松地取得成就而愤愤不平。他们不知道自己何年何月才能达到你的成就。他们觉得你的运气好，而你恰恰"告发"了他们的缺陷，事实上，你"告发"他人，只是因为你付出了比他们更多的努力。

识别这样的"告发者"对你而言很重要。

第三章 | 坚定自己的立场
Live Like Shakespeare

除非你确定是你给他们带去了痛苦，否则的话，你不必为之承担责任。事实上，你没有伤害别人——你仅仅是出现而已。你只是代表了真理的一方，这使得他们沮丧和难过。

## 如何对待告发者

**1. 如果你发现某人使你很不舒服，而你又说不出所以然，那个人可能以某种方式告发了你**

特别是当你很难说哪个人已经伤害你的时候，这件事很可能发生。

**2. 千万不可贬损告发者**

要想使自己不去责骂给自己带来痛苦的人需要很大的勇气，但是一旦有了告发者，你也可以好好地利用他们所提供的信息。

**3. 如果你能忍受住告发者给你带来的痛苦，就会有一些重要的发现**

事实上，每一个告发者都是一种潜在的天赐之物，福丁布拉斯对于哈姆雷特而言就是这样。这个人所带来的信息会极大地改进你的生活。很可能，你也会像告发者一样，有足够的时间来改变一切。

**4. 问一问："这个人所取得的成就和自由，哪些我也想要？"**

你会发现几乎任何东西你都想要。例如，那个人有信心说自己擅长某一方面，你说你也会做得更好。但是以前你太羞涩了，不好意思提这些。

或者别人有加入社会的勇气，而这正好是你所愤恨的。或者别人选择了你所嫉妒的生活方式。

**5. 坚持你自己所选择的人生方向**

要明白，在这个时刻，你的目标不是责备自己，不是打击自己。要知道你完全有能力把握自己的未来。认识的价值是它能带来希望。你能够改善你的生活，你的不足肯定能加以弥补。

你的目标是把告发者当做有益知识的一个来源。

你愤恨的对象也能成为改善你的生活的最终指引者。但是，最后还得

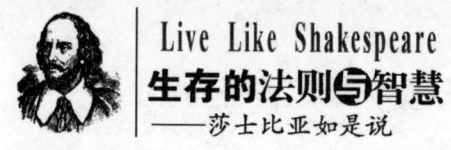

看你怎么运用他们。

6. 如果你发现你莫名其妙地让人家沮丧，可能你就是他们生活中的告发者

可能你有某种自由和回旋余地，但是他们却没有。也可能你得到了他们梦寐以求但是不敢争取的成就。

你是他们的福丁布拉斯。假如这些人对你的生活很重要，你就尽可能减少与他们正面接触。

如果这样的人对你很亲近，或者你希望他或她对你亲近，你就要或迟或早把你们之间的紧张关系告诉他们。如果他们继续愤恨，你就有麻烦了。但如果他人能克服这一愤恨心理，你就可以帮助那个人实现他想达到的目的。

最糟的情况是，你说什么也弥补不了这条鸿沟。那个人就是不排除敌意。要是这事发生在与你亲近的人身上，你无疑要受点折磨。你们在某种程度上仍旧很友好，但是，那人无法分享你所拥有的东西。

7. 低调处理你与他人的关系，但是不要改变你的固有性格和对你而言重要的东西

假如你发现你成了商业伙伴或上司的告发者，尽可能地减少你的锋芒。但是你用不着处处看着他人的眼色办事。

对我们而言，损毁自身的形象，以便减轻他人的痛苦和郁闷，实在是太平常的一件事。但你不要因为别人不喜欢或者给别人造成痛苦而牺牲自身有价值的特点。你要按照自身的道德标准行事。

# 第四章 理智地爱

- 法则一 用自己的眼光审视幸福
- 法则二 唯小人难养也
- 法则三 信任也是有度的

## 第四章 理智的爱
### Live Like Shakespeare

交往中的不公正、不平衡常会在我们中间悄然产生。即使最精明、最富有同情心、最明智的人,有一天也会发现某种特殊关系正逐渐消耗了他,因为他为了照顾他人而不堪重负。你要取悦他人,就得丧失"自我"。

这种不平衡可能在交往伊始就存在了。或许你选择的交往理由就是错误的:这个人,爱人或朋友,在照片上看上去挺英俊。或者你想象拥有这样的伴侣会引起他人的尊敬或嫉妒。或许别人会尊敬或嫉妒你,但如果这是一种错误的交往,这些对你就毫无用处。

很可能在一开始,你并没有意识到你选择的这个人是不好的。或者有可能这个人(不一定是一个爱人,而是一个亲戚或一个老朋友)在你的生活中已经存在很久,以致谁选择谁这件事已经没有意义。而现在,你发现自己面对的是一个持续不断的抱怨者、一个爱嫉妒的朋友或者一个自我欣赏者。

如果你生活中的这个有害的人是一个爱人,他或她会给你造成一系列麻烦。你会发现自己一直在努力"改变",以赢得这个人的爱或者打消他或她对你的失望。

交往中的不平衡以各种面目出现,除非你指出这一点,否则这种不平衡将越变越糟。

通情达理、富有同情心以及稳健明智并不能保证一个人在交往中不失去他或她辛苦赢得的自我感觉。实际上,一个有高度同情心的人尤其可能会导致那种结果。

可是,有同情心这一点不应当使你变成一个容易被征服的人。在交往中确立你自己的标准与你拥有自己的道德标准一样重要。

作为一个自我信赖的人,你乐于并善于与人交往。在交往中保持自我当然意味着不欺骗和捉弄别人,但它同时意味着自己不会变得被动。

交往不仅仅是需要给人家以温暖,也要求从别人那里收到相应的良好反应。它意味着你与别人在一起的时候尽可能变得自由——当然这并不否定你自愿花时间去陪某些人。

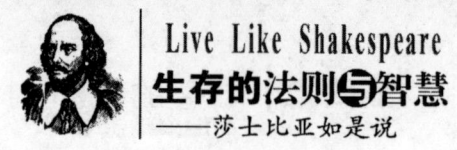

如果你想在与人交往时保持自我,那么你在一生的时间里必须主动修正你的许多关系。因为当你与某些人相处而感到有责任心与自我崇高感时,你可能会使自己与这些人靠得很近。当你这样做的时候,你将发现疏远某些人会是必要的。

可以把你生活中的朋友与熟人想象成一个体育场的观众。与你关系最密切的坐在前排,见证着你的生活并参与进去。而其他人坐得靠后一点。还有一些人远得你只能看见他们的大致轮廓。

你拥有"一排排的朋友",在你的一生中,你将发现有必要调整他们的排数,甚至把有些人从你人生的体育场中排除出去。

为了在交往中保持自我,你必须这样做。当你必须将某些人排除出你的生活之外时,免不了会伤害他们。

在交往中保持平衡需要做到两点,才能确保成功。

第一点是从平衡的关系模式开始你的交往。

它意味着你(你独自一人)有权,同时也有义务选择你的朋友与爱人,因为你将为他们花费时间与感情。

第二点是在交往过程中保持平衡,只有当你认识到你一直拥有决定谁呆在你的生活里以及亲密到什么程度的权利时,你才会在交往中保持自由。

当你选择朋友与爱人时,要认识到他们是你生活中的奢侈品、附加物,而非必需品,这一点是重要的。他们应当是对你已经拥有的东西的扩充,而不应当以任何方式减损你的所有物。理想的情况是你因为他们而感到富有而不是贫困。

你自己所选择的这些人就是那些使你和他们在一起时感觉最自然的人。你可以从他们那儿学到东西并修正自己,但是你不应当感到有必要基于赢得他们的赞同而改变自己。你已学会在他人的无意识下保持朋友关系,现在你有权利指望他们与你保持朋友关系。

当他们确实值得喜爱的时候,你已学会去喜爱他们,现在,你有权利

## 第四章 理智的爱

向他们要求尊重。

自我信赖教会你明白：你主要关注的是保持你的自我中心而不是赢得别人的好评。你应当根据自己的兴趣、需要、愿望来选择你的朋友与爱人，而不是出于别人高兴或对你有好感的原因来选择朋友与爱人。

你的朋友与爱人不是用来炫耀的资本。如果他们令你快乐但与他人的期望不符，你也不应当为他们感到羞愧。没有人有权从你这儿得到一生到老的恭维，除非这个人确实赢得了它。

你还有权决定哪些人应与你亲近以及他们与你亲近到什么程度。

在交往中较好地保持了自我感觉的人从不为了另外一个人而委屈自己、改变自我形象。

他（她）明白没有人有权对别人施展权谋。例如，没人有权抑制你的爱，强迫你作出改变。没人有权保持对你消极的影响，例如持续不断地给你散布坏消息，或者老是抱怨，或者对你支持的事物不屑一顾。

你没有任何义务忍受个人生活中的消极人物。

最后，如果你很好地发展了保持交往中的平衡能力，就有可能成为那种人，由于早有准备，当事情变得糟糕时，他会毫无痛苦地解决它。

你会了解到，一旦你证实了某种伤害，就公开告诉朋友，这比让它在你心中积累起愤恨要好得多。面对一个对你不好的朋友与爱人需要付出勇气。但你不应是一个优柔寡断的人，你应当没什么好怕的。你应当是一个有自我决断力的人。

交往的成功取决于两方面因素：处理生活的意志与对他人的信任。它需要你信任自己并且相信自己内在的价值。

莎士比亚像所有的戏剧家一样，喜欢把关系中的不平衡作为他戏剧的主题。这是自然的，因为恰是冲突构成了一个好的戏剧。在他的悲剧作品里，这些不平衡导致了灾难。在他的某些喜剧中，这种不平衡得到修正，观众从而了解到，让一种关系失去必要的控制是一件愚蠢而荒唐的事情。

而在他另外一些喜剧里，如《悍妇驯服记》与《皆大欢喜》中，这种

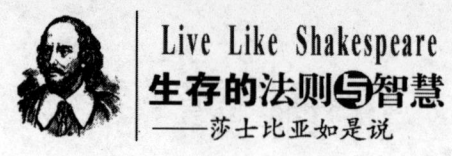

不平衡从未真正地突出,相反,它被情节化了。

现在我们就去看看莎士比亚笔下的几个角色,其中包括一个最爱辱骂的角色和一个被辱骂得最厉害的角色。你将看到关系是怎样扭曲了人性以及你能做些什么以使它回复。

# 第四章 理智的爱

## 法则一　用自己的眼光审视幸福

> 别仅仅因为别人不认识罗密欧就认为没有罗密欧。寻找罗密欧比人们想的要容易得多。要有勇气认出他，完全凭自己的眼光来看待他，相信自己的判断，这才是最重要的。

一位年轻女性，我的一个密友的妹妹，在大学里深深地陷入了情网。她和她的男友开始谈婚论嫁，但就在这时，这位女性开始感到她的这位大三男友并无过人之处：这个小伙子出身并不高贵。她需要的是一个让人嫉妒的男人，于是不情愿地与这个不合要求的小伙子分手了。

她为此痛苦过一阵子，但是又自我安慰地想：反正自己还年轻，有的是追求她的男人。她的家庭有很好的社会关系，在每年的节日聚会上，她试着结识了很多候选者。

毕业不久，她找到一个非常英俊的男子。他是一个运动员，身体保养得很好，又是某大报法律评论栏目的见习生。他适合所有人的要求——无论是父母的，还是朋友的。于是这两个人搬到一起生活了。这位女性选择配偶的方式与某些妇女单凭外观而不凭价值挑选珠宝的方式一样：这家伙看上去挺贵重的。但是从一开始，她就感到他们之间没多少联系——那种每个女性都不可能触摸的无法解释的成分。因为无聊，他们破裂了。

接下来是一位可亲的、令人无可挑剔的男性舞伴。尽管我朋友的妹妹尚不到三十岁，这个男人却把她当成俱乐部里的富婆而盯上她了。我的另一位朋友撞上他在她父母的聚会上查看每个客人的大衣标签。原来他是在

估量这些人的身价。这位年轻妇女想象着所有人都会因为这种配对而嫉妒，她实在是透过他人的眼光来打量这种关系，至少她考虑的是别人怎么看。然而不久这个男人一声不响地把她给甩了。大概他已经检查了她家庭的财富程度，发现她根本不合格。

打那以后，她又见过几个不同的男人。有一两次，那些男人虽然爱她，但不合她的品位，也就是说他的派头或外表没有达到让别人夸赞的程度，她最终还是中止了感情投入。

在35岁的时候，抱着听天由命的态度，她又恢复了同从前那个大报见习生的情人关系，后者已有一份好的工作。最近我与她哥哥聊天，他说婚期已定，她也戴上一颗巨大钻石，但是只要一想到这桩婚姻，她就止不住泪如泉涌。因为她知道她并不爱她的未婚夫，她甚至都谈不上喜欢他，只是这种配对表面上看来还不错罢了。

我想她现在应该是结过婚了，但是她再也不会梦想能找到自己的罗密欧了。

她的情况就是太考虑他人的目光而常常导致的错误。

### 人群中的一张面孔

莎士比亚常把这种错误视作爱情可能误入的歧途。他描写过大量人物，尤其是女性，那些女性为了取悦他人而背负嫁人的压力。对旁观者而言，婚姻看上去就像正确的配对，但是女人并不真的想嫁给那个男人。

不过，莎士比亚的女主人公不像我那位朋友的妹妹，明确知道她们实际上想要什么，并且有勇气坚持选择一个错误的人，仅仅为了在别人面前显得好看一些。她们在像爱情这样重要的事情上是不愿放弃她们的自我中心的。

在《仲夏夜之梦》中，女主人公赫米亚评论道：

## 第四章 理智的爱

噢，真是的，竟用另一个人的眼光选择爱情！

而《当你喜欢它》中的一位年轻人差不多绝望地声称：

可是，唉！用另一个人的目光审视幸福
是多么痛苦的一件事！

寻找罗密欧，更多的要靠敏锐的判断而不是逻辑。无疑你会遇上罗密欧。你有着很多可能的机会。大多数女人在她们一生中的确遇到过罗密欧，而且不止一次。她们之所以一直积极地想方设法寻找他，是因为当罗密欧出现时，她们并没有认出他来。

多数女性是通过朋友、业余爱好、工作或其他不同种类的巧合而与男人相遇。找到罗密欧的秘诀在于将他从众多的可能者里挑选出来——知道他是谁并且确信你所知道的。

这并不意味着你应当用各种办法"安顿"下来。如果你有一套特殊的标准，当然应像很多交友指南建议你的那样，证实它们，并且如果你希望的话，把它们写出来：

**不听天由命，并且相信自己的判断，而不要把自己的决定建立在别人意见的基础上。**

### 爱的艺术是识别

试着比较一下以上那位女性的故事与世界上最伟大的爱情故事——莎士比亚的《罗密欧与朱丽叶》吧。

在十四世纪意大利的维洛蒙，住着两个叫罗密欧与朱丽叶的年轻人。他们各自显赫的家族，蒙塔古与坎普雷，积蓄了多年的敌意，以致两个家族的人在公共场所相遇就会互相咒骂甚至打起来。与敌对家族的人成为朋

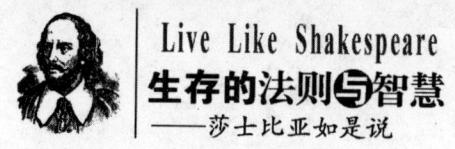

友是被禁止的。因此当罗密欧与他的一帮蒙塔古弟兄大闹坎普雷家的化装舞会时,那就是一场冒险的游戏了。如果他们的伪装被识破的话,那么他们的麻烦就大了。

坎普雷家的朱丽叶那时刚刚14岁,但已经许配给巴黎的伯爵。她受命嫁给这位以英俊而闻名的年轻人。但是朱丽叶的家教又使她明白巴黎的伯爵对她不合适,她不爱他,更不知道他是否爱她——但这正是那个时代婚姻的特点。

当罗密欧在舞会上与朱丽叶交谈的时候,尽管因为化了妆她看不清他的面貌,但她的爱情已属于他了。

此后,那些亲近的人施加的压力也不能改变她的想法甚至欺骗她。尽管朱丽叶年轻,但她清楚自己想要什么。当然,在她父母的眼里,作为一个蒙塔古家的人,罗密欧是再坏不过的选择。另一方面,如果她嫁给了巴黎伯爵,就会有舒适的生活。在那个时代,一个像朱丽叶这样的女性如果从命而嫁,会赢得世人的敬意以及一大笔可观的嫁妆,并且从此毫不费力地生活在上层社会里。但是他人的想法丝毫不能阻止朱丽叶。

莎士比亚并没有试着解释爱情,却毫不怀疑它的不可解释性与强制性特征,他也不否认这种看法,一旦它降临了,它就是无法否定的。不论我们是否所有时候都按它行事。他总是追问爱情是在眼睛里还是在心灵中。他相信爱情能够超越感觉。在另外一处,莎士比亚让一个情人这样说道:

> 假如我没有眼睛只有耳朵,
> 我的两耳会爱上,
> 那内在的看不见的美。
> 假如我是个聋子,
> 你的外表都会变动,
> 而我内心里的每个部分仍有感觉。
> 尽管没有眼睛也没有耳朵,

## 第四章 理智的爱
## Live Like Shakespeare

不能看也不能听,
但是我对你的爱,
仍然是那么多。

罗密欧与朱丽叶一见钟情。对他们两人来说,它是不可克服、不可触摸、不可解释的体验,而这正是所谓爱情。

莎士比亚写道:

谁的爱情不是一见钟情呢?

朱丽叶即刻就识别出她对罗密欧的感情。他来自错误的家庭这一事实也不能阻止她。

在一次小冲突中罗密欧失手杀了人,因此被驱逐出境,这样一来,这两个人就想办法偷偷聚在一起。但是蒙塔古与坎普雷这两个大家族的势力太强了,他们无法战胜。结果厄运与两个家庭的残忍断送了罗密欧与朱丽叶。

再没有比朱丽叶和她的罗密欧
更悲惨的故事了。

在朱丽叶认识的所有人眼里,她选择这样一个错误的男人不是疯了吗?

可是,亲爱的朋友,我知道你自有判断。

## 别让自己成为朱丽叶

在剧本所描写的时代,一直到莎士比亚之后的一两个世纪里,在婚姻

上不服从社会的意愿，常常会受到残酷的惩罚或者放逐。按照惯例女方会因为不顺从父母意愿而在修道院里被监禁着度过余生。

但是无论怎样，朱丽叶还是听从了她的内心。

今天，当然父母或朋友都不能迫使你选择任何人做你的爱人或配偶。这就是说，除非你自愿屈从，否则不可能被剥夺选择权。少数父母仍然会真的与他们的子女脱离关系很长时间。但一般不同意你的选择的父母或朋友会转回头承认既定事实，如果你是幸福的话。

现时代，我们面临的责难是自我强迫。成千上万的年轻男女自我强迫接受的准则，其痛苦不亚于那时罗密欧与朱丽叶受到他们家庭所施加压力。我要谈论的是人们大脑中根深蒂固的准则，比如她们需要一个爱人是因为别人赞同这个爱人。

你想要一个爱你并且为你所爱的丈夫吗？或是想要一个让人嫉妒你拥有的丈夫呢？

谁受到更大的欺骗呢？是朱丽叶，那个不顾一切为了她的罗密欧的朱丽叶，还是一个现代朱丽叶，这个朱丽叶为他人的意见所左右而把某人作为一辈子的床伴？

如果你寻找罗密欧的行动已经到了被他人的良好愿望弄得模糊不清的地步，你可能就会毁了你的生活。

### 确保你的立场是你自己的

在我们这个社会中，有些女人不爱一个男人往往出于以下种种原因：或者因为年龄，或者因为胃口单调，或者因为每个周末不骑自行车不打高尔夫，或者因为对健康食谱没有兴趣，或者因为没有挣到朋友丈夫那么多的钱。

问题不在于这些标准本身，而在于它是否真是你自己的标准。如果你

## 第四章 理智的爱
Live Like Shakespeare

善于谋生，是否你的罗密欧也这样才是关键？或者是否仅仅因为你的朋友知道你是养家糊口者而使你受宠？你是否因为自己专心于某种食谱而拒绝一位喜欢汉堡包的男人？或者是否仅仅因为你害怕你的朋友们认为你的男友过分多情或者出自底层？

即使是最亲密的关系，你也要确保你的需要真正是你自己的。

或许你需要那种想要孩子的男人。如果是因为自己真想要的话，那很好，但是如果仅仅是因为你不要会让你在朋友面前显得落伍的话，那么按你自己的意见去爱，让你的朋友们做调整吧。

你所应坚持的唯一立场就是那些真正属于自己的立场。或许对你来说希望一夫一妻制关系的男人是重要的，或者你认为男人最重要的是一个好的沟通者。那么，这都是对你生活时刻产生影响的事情。

你需要接受的唯一标准就是那些将影响你的幸福的准则，即使无人知晓。

### "告诉我精选品种在哪里，是在心中还是在头脑里？"

我一直记得一个三十多岁的男人，律师。他的第一位妻子看上去就像公司里那些成功的同事的妻子们一样——有着社交的需要，力求向上，苗条并且时髦。他把她支使得团团转：他长期监督她的饮食习惯，坚持要求她保持与公司其他同事的太太一样的苗条优雅（虽然他们一年也不过聚会6次）。这位妇女乐意承受，幸福地过着"美好人生"，住在一所安静的两镇相接地带的郊区。

过了6年婚姻生活，他开始与一位像他妻子的女人发生关系。她在上海，是他工作的地方。这时，他毫不在意他的妻子的社会体面与可人之处，毅然与她离了婚，而娶了他的情人，并且按照他的模子再塑这第二位妻子：调整她的行为，尤其是她的饮食习惯。这位妇女稍有体重增加的趋势，他就严厉苛责她的过失并对她推行更为严格的养生法，他这样做是为

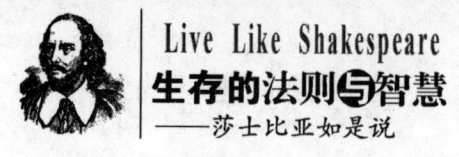

了让他的同事以及其他人羡慕她,同时也附带着羡慕他自己。

但是,有一天在去上海的火车上,他与一位的确有些肥胖的女人结识了,并且与她发生了关系,他开始陷入绝望的困境,因为他从未有过比跟这位肥女人在一起时更好的性生活。

差不多是含着泪水,他告知自己,他的性幻想一直是肥胖的女人,而这个女人是他终极的体验。他老是梦见她。他说自己与他的苗条太太一直有性障碍。自从他又有了外遇以后,就对第二位妻子几乎没有了任何性欲。即使撇开两任妻子不说,他之前所有的性史都是与苗条型女性有关,但是都很不理想。

对他整个生活而言,这个男人是参照别人的要求而选择妻子的。他是为他们而过着自己的婚姻生活。在回答我的一个问题时,他乐意承认即使他的太太肥胖他一样会升职。他所关注的是使不相关的陌生人把他视作一个情人来尊重,即把他视作一个能俘获迷人女子的男人。他花费精力追求的女人并不吸引他,因为他没有勇气追求他想要的女人。

他痛恨自己的趣味,因为它不是主流的趣味。但是,他不能放弃他有过的唯一性欢乐。就我所知,他一如既往,选择着这种自我欺骗的痛苦生活,因为他没有承认真实所需要的勇气。

**不要担心别人会怎么想**

帮助人们证实自己真正的愿望并且控制他对别人失望的担心,或者使他重新审视他对配偶的选择。

记住:如果你与一个你不爱的人在一起,世界上的所有意见只会令你感觉更孤独。他人的嫉妒只会使你更加看清这种"成功"关系实际上是一种嘲弄。

如果你与一位合宜的人在一起,最尖刻的攻击也损害不了你的幸福。

你自己知道你有多少幸福,尽了多少职责。无论是真实的还是想象中的批评，对你都毫发无损。

## 每个爱人都必须回答的问题

忠于内心真实的标准，你就会成为自己。如果你感到自己坠入爱河，首先请你自问两个问题。

**这个人令你多大程度上感到自在？**

对你来说答案应该马上得出。或者这个人让你感到是不错的、有吸引力的、明智的或者和蔼可亲的。或者他令你感到某些重要事情都不太对劲。当然，在长期关系的开始，这个人多少应当对你满意。如果正相反，你不是这个人的朱丽叶。你会发现自己想知道你是否足够年轻、足够漂亮，以及学历是否够格，肌肉是否饱满，穿戴是否得体，也就是说，一开始你就踏上一个坏开端。

这种不安全感导致的痛苦会使你觉得你不爱这个人或与这个人不相称。请注意，罗密欧不会告诉他的朋友：朱丽叶要是有多高就完美了。

**这个人能与我发展下去吗？**

你的要求或许现在不能达到，但是没准将来能行，只要这个人能够改变与成长。如果汉堡包令你不快，他会放弃它，或许他还可以赶上时髦，或许他会得到一份更好的职业。当你欣赏他的时候，他可以在各个方面令你称心如意。

你将很长一段时间与这个人一起生活。至少，那是计划中的事。你自己也一样会学习、改变与成熟。你将对别人、对自己、对世界都有新的发现，你的兴趣会发展。既然关系要持续很长时间，两个人都必须有变通的容量以及对新前景的准备。

这种新的关系应当是"相爱、相敬，共同发展"。我见过很多因为一

方改变了境况而导致的离婚——例如，重新上学、改变职业或兴趣变化——而另一方拒绝接受这些变化和发展自己，这是最主要的原因。

你如何能识别一个人是否有发展的容量呢？

你可以部分地了解到这一点：比如通过看这个人最近几年是否有进步，看他对新观念、新兴趣的开放程度，看他能否承认自己的错误，看他是否愿意接触新人物以及听别人把话说完，等等。不过，最主要的是，你可以通过他听你说话的耐心程度、接受你的新观念以及更重要的你的新感受的程度来识别。

只要别人愿意敞开话题，无所保留地暴露他真实的感受，那他就能发展下去。

别仅仅因为别人不认识罗密欧就认为没有罗密欧。寻找罗密欧比人们想的要容易得多。要有勇气认出他，完全凭你自己的眼光来看他，相信你自己的判断，这才是最根本的东西。

第四章 | 理智的爱
Live Like Shakespeare

# 法则二　唯小人难养也

莎士比亚认为勇气和恐惧都是可以传播的，例如在一场战斗中他借亨利六世妻子的口说：

"我的君主，振奋你的精神，我们就会接踵而至，像现在这样萎靡不振，连你的花都会枯萎。"

在莎翁的戏剧作品中，伊阿古是最引人注目的人物之一，他是戏剧《奥赛罗》中的第二号人物。

虽然伊阿古在作品中并不是一个核心人物，但他备受关注，对他的性格的分析更是众说纷纭，莫衷一是，这使他比莎翁作品中的其他人物更具神秘色彩。他是一个典型的恶棍形象，却不同于理查三世的暴戾恣睢，也与莎翁作品的其他恶徒大异其趣。他作恶的动机令人难以捉摸。他的行为推动着剧情的发展并最终酿成了奥赛罗的悲剧。但戏剧中的每个人，包括观众都难以说清他为什么要这样做。

几个世纪以来，学者们挖空心思试图理解伊阿古为什么如此热衷于制造罪恶，但批评家们提供的解释如同伊阿古本人一样复杂莫测。

## 伊阿古的出场

戏剧一开始，伊阿古就登台亮相了。他是第一个开口说话的主要人物。我们发现他是奥赛罗值得信赖的朋友和得力的助手，他很快就被提拔

去指挥部署在塞浦路斯的军队。观众们也了解到伊阿古与奥赛罗长期共处,并肩作战,他们私交甚密,奥赛罗信任他,器重他,依靠他,有时甚至直称其为"诚实的伊阿古"。

然而,伊阿古却辜负了奥赛罗对他的信任,他完全与奥赛罗的意志背道而驰。从一开始,他就做着莎翁戏剧中每一个恶徒做的事,他让每一个观众都目睹了他蓄谋已久的叛逆计划。

从一定意义上说,是伊阿古一个堂而皇之的计划让观众们了解到了他的罪恶计划的形成过程。他告诉我们,他决意破坏奥赛罗与他人的关系,他甚至毫不怀疑地认为,观众们会认同他的罪恶行径,并为他的成功而举杯祝贺。

当我们一接触伊阿古时,他已经单枪匹马地开始了一个罪恶的计划。奥赛罗刚刚和他的新娘——苔丝狄蒙娜私奔,因为奥赛罗的年龄要比苔丝狄蒙娜大很多,并且是一个摩尔人,所以苔丝狄蒙娜的父亲坚决反对这门婚事。伊阿古安排了一个第三者去怂恿苔丝狄蒙娜的父亲破坏这门婚事——他喜欢让别人去做这种不光彩的事。奥赛罗和苔丝狄蒙娜忠贞不渝的爱情战胜了各种艰难险阻,他们结婚了,而伊阿古这个幕后策划者并未暴露。

直到戏剧接近尾声的时候,当苔丝狄蒙娜已经死亡,因悲伤而近乎疯狂的奥赛罗行将结束自己生命的时候,伊阿古的罪恶行径才最终暴露出来,原来他才是一切罪恶的根源。伊阿古的妻子一直被伊阿古利用来实现他的罪恶预谋,是她提供了伊阿古陷害苔丝狄蒙娜的最终证据。

伊阿古藏在幕后陷害善良的人们,他小心谨慎地隐藏着他的罪恶行径,这种模式在戏剧中多次出现,而其中的杰作莫过于他通过使奥赛罗相信苔丝狄蒙娜背叛了他而跟了别的男人来破坏奥赛罗的夫妻感情,他凭空捏造了各种证据,编造了大大小小的谎言,通过他设计的各种巧合来误导奥赛罗。

# 第四章 理智的爱
Live Like Shakespeare

## 伊阿古作恶的动机是什么

我们该如何理解伊阿古的叛逆呢?

戏剧中的伊阿古给了我们各种各样的解释。他说他憎恨奥赛罗让年轻潇洒的凯西奥做他的顶头上司。他说凯西奥与奥赛罗的妻子有私情,而他同时又表明自己从不相信这一点。在另外的场合,他又说他憎恨凯西奥,因为凯西奥的英俊潇洒使他相形见绌。

伊阿古还告诉我们,他让各式各样的人陷入他处心积虑设计的陷阱,其结果不是置人于死地就是自己的阴谋被揭穿。这些理由是相互矛盾的,或许伊阿古本人也不相信其中任何一种理由。他似乎只是将它们凭空捏造出来自我解脱或者仅仅为了博人一笑。不可思议的伊阿古!

几个世纪以来,学者们都试图揭开伊阿古的神秘面纱,他们或者接受了其中某种理由,或者提出了自己的理由。直到二十世纪晚期的时候,伊阿古问题仍然独具魅力。诗人塞缪尔最早断言:伊阿古的行为根本就无动机可言。

但是现代心理学并不承认有无动机的行为。如果我们必须为伊阿古的行为寻找一种动机,则不得不选择伊阿古本人的表述,或者是他在别人的英俊潇洒面前感到自惭形秽,或者是他看见别人身陷爱河而妒火中烧。但是,很显然,莎翁的伟大之处正在于他给我们一个空间,让我们对伊阿古这个人物作出自己的判断,相信你也一定会有自己的判断。

当我们为伊阿古的残忍和没有良心而感到震惊的时候,同时也被他的机智和聪明所深深折服。他对人性的弱点有深刻的理解和把握,只不过他把这些优秀品质都用来服务于罪恶的目的,并且使那些无辜的人们毫无意识地陷入了他的圈套之中。

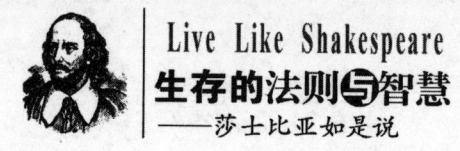

## 日常生活中的伊阿古

伊阿古是一个经过艺术加工的人物形象，莎翁深谙这种人的品性，他以夸张的艺术手法揭露了这种人的本质——他是一种消极的反面力量，总是在暗中破坏我们的生活。

在戏剧中，他导致两个人的死亡。而在现实生活中，那些反面人物一般是在很小的程度上破坏我们的正常生活。他们一般潜伏在我们的生活中，暗中施加他们的影响。

我们之中很多人在与一些特定的人交往的过程中，总是感觉很不舒服，而这些人已经固定地成为我们生活圈子的一部分。有些时候，要我们明确地指出这些反面人物的消极因素是一件非常困难的事。

当我们与某个亲属接触之后为什么会感到情绪低落？

当我们遇到一个老朋友之后为什么会预感到自己会丢掉工作？

当我们与某个邻人闲谈后为什么会想象其他人会对他感兴趣？

我们很难把自己一时的情绪低落归咎于某个亲属、朋友或邻人，但经过细致的观察，明眼人很快就能发现那个使我们遭受精神打击并陷入悲伤情绪的人。

戏剧《奥赛罗》中的伊阿古是在我们生活中经常出现的一系列反面人物的代表。

莎士比亚，这个洞察入微的心理学家为我们指出了附着于这些人身上的基本特征：

伊阿古经常通过他人为非作歹。

他们含沙射影，旁敲侧击，在你背后干着肮脏的勾当。

他们经常是与你共同生活了很长一段时间的人，他们有办法去接近你，并且了解你的背景，甚至与你过从甚密。

即使他们与你为恶，但生活中却少不了他们。如同伊阿古一样，这些

## 第四章 | 理智的爱
Live Like Shakespeare

人总是在以某种方式使自己成为必不可少的人。或者事实上他们就是你的家人或亲属，你根本无法将他们排斥在你的生活之外。

这些不易觉察的反面人物中的很多人都像伊阿古一样有着强烈的欲望去破坏任何一个生活在幸福中的人，但他们很少公开表露他们的欲望，因为他们仍想生活在你们之中。

另外一些人则不是有意地攻击你，仅仅是由于他们的存在就会使你遭受不利影响。

你知道像伊阿古这样不易察觉的反面力量比那些公开作恶的人还要危险得多。

在工作中，哪个同事试图使用卑劣手段获取他们的职位，你马上就会心知肚明，因为他们的意图再明显不过了，你也很容易发现一个邻居正在蓄谋夺走你的丈夫或妻子，或者一个老师对你的孩子突然产生了厌恶。这一切都摆在大面上，让你一看便知。你也会有意识地将这些人视为敌人，并想办法对付他们，或者至少对他们保持高度警惕。从长远观点来看，这些人对你的威胁很小。

但对于伊阿古这样的人，他们的危险深藏于你们自身之中。你不愿意将他们排斥在你的生活之外，因为他们与你交往日久，或许某些人还在某时某刻帮助过你，或者他们身上有某种东西在深深吸引着你。更有可能的是，他们已经通过某种方式对你施加了控制，比如说他们资历比你深，职位比你高，比你年长或者与你有某种血缘关系，而你又没有胆量向这种控制挑战。

### 发现你生活中的伊阿古

对于公开的敌人，我们不必费力去寻找他们，因为他们就在我们面前，公开地向我们表示敌意，至少他们不会努力把我们当成朋友。

但对于伊阿古式的人物，他们总是尽力去接近你，自认为或者假装是

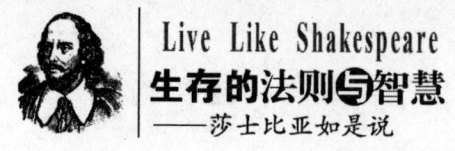

Live Like Shakespeare
生存的法则与智慧
——莎士比亚如是说

你的朋友，似乎你和他的友谊是他生命中最重要的事。他会让你看见他只对你好，别人远离他，那是因为他对他们不好，长此以往，你便会慢慢地接受这样一种错觉，只有你才是他真正的朋友。你感觉到自己有责任去回报他的友情。

但在潜意识中，你总能感觉到他们身上的缺陷。事实上，这种缺陷对你有一种消极的影响。非常典型的情况就是当你离开他的时候，你的情绪总是坏到了极点并有一种不安全感。

但是你仍然希望经常和他共进午餐，而把以前和他在一起时的一切不快都抛诸脑后。你忘记了曾经有多少次当你离开他的时候，你感觉到前途渺茫、毫无希望。你忘记了和他在一起时，你总是感到自己已经老气横秋，再也没有前进的勇气。你忘记了当这样的人处在一个群体之中时或者他被邀请参加一个聚会时，整个聚会的气氛都被他破坏了。

你总是努力把这种不快的感觉不当一回事，尽力地振奋精神，恢复元气。你会高兴地看到你已经将这种不愉快的经历抛到九霄云外，重新恢复了良好的精神状态，于是，你便自信可以对付来自各方面的损害，即使你把伊阿古式的人物继续留在你的生活之中。

然而，你并没有意识到伊阿古正在潜移默化地对你施加影响，他的危害是持续而长久的，而你却浑然不觉。

## 一种消极因素

消极的人会使你情绪低落、精神崩溃，不仅在他和你共处的时候，就是当你独处的时候这种影响也一样阴云不散。你的生活中有了一个这样的人，你永远会感到毫无希望，前途渺茫，你没有任何勇气去冒险。你也不可能抓住任何机会去改善你的生活状态。

当你意气风发、雄心勃勃地想干一番事业时，他总是在你头上泼一盆冷水。他会向你传递一种末日情绪："那又有什么用呢？"他会使你完全丧

# 第四章 理智的爱
## Live Like Shakespeare

失自信心，他断言任何机会对你都毫无价值。如果在你的生活中有这样一个强有力的伊阿古式的人物，你最终会养成一种一切都毫无意义的生活态度，并使你坠入绝望的深渊。

你会惊奇地想知道，如果你的生活中没有这种人，那么生活将会是什么样子呢？

当这种消极的伊阿古式的人物慢慢接近你的生活的时候，你能够发现他、辨别他是至关重要的。你不仅要敏锐地认识到他的消极性，而且要有勇气去面对他，克服他对你的消极影响。

你越是敏锐地鉴别他是哪种类型的伊阿古，就越能消解他对你的破坏性影响。现在，当他再努力向你传播那种"一切都没用"的消极态度时，或者他转弯抹角地批评你的时候，你就能立刻意识到这一点。

有很多人本质上就是消极的。如果你告诉他你正处在热恋之中，他们便会对你冷嘲热讽。如果你向他宣告你刚刚找到一个好工作，他们便会向你暗示这个工作并不会长久或者并不像你想象的那样好。如果你表达一种生活的希望，他们就会暗示你那是不可能实现的梦想。

这种人中的很多人并不是那种无意为害的悲观主义者。在他们之中有很多人从心底里希望你遭受厄运，他们不敢明目张胆地说："我希望你失败，你的成功和快乐会让我不快。"如果他们这样做了，我们倒是可以不把他们当成一回事。相反，他们总是告诉你，他们才是真正的现实主义者，并以此暗示你，他们正在努力把你从失败的悲伤和痛苦之中挽救出来。

我们遇到的大多数伊阿古只是给我们的生活造成一点点麻烦。他们在我们快乐的生活之上铺了一层阴云。但也有一些伊阿古，他们的的确确在故意破坏我们的生活，给我们造成较大的物质和精神损害。这样的人在我们的现实生活中也占相当大的比例。我就曾经遇到这样一个人，当他的朋友因饮酒过度已经处在死亡边缘之时，他仍然力劝其继续饮酒。而他从他的朋友的死亡中不会获得任何好处，他与他的朋友之间也没有任何私仇，

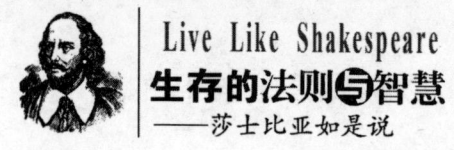

## Live Like Shakespeare
## 生存的法则与智慧
—— 莎士比亚如是说

这种人大概就是那种毫无动机的恶人伊阿古吧？

当你已经确认一个人属于某种类型的伊阿古时，或许你并不想公开给他贴上标签，但是你一定要在心中给他贴上标签，同时时刻保持警惕，以免他的言行对你有不利影响。

另一方面，如果你决定对伊阿古制造的麻烦不屑一顾，或者你觉得他的影响是无法弥补的，那么你最好对他敬而远之。

然而，无论你决定是否去面对这样的人和他们的行为，你一定不要忘记在你心中为他贴的标签，在对付伊阿古这种人时，自我免疫是最好的防卫。

### "那又怎么样"型的伊阿古

对任何一个伊阿古，你首先要扪心自问，你正在对付的究竟是哪种类型的伊阿古。

"那又怎么样"类型的伊阿古给你的第一个感觉就是无望——你正在打算做的一切事情都毫无目标。

例如，你兴冲冲地跑来告诉他，你的新同事多么出色，你的初恋多么美好，或者你幸运地被邀请与朋友共同度假，或者你刚刚被提升了。可是突然之间你感觉到这一切都很愚蠢，都毫无价值。你感觉这些话都是毫无目的脱口而出的。进而你会感觉自己看起来是多么幼稚和愚蠢。这样，几天来让你兴奋的一切都似乎无足轻重了。你的好心情也在顷刻之间荡然无存。

你甚至不禁要问自己是不是值得把这些事情告诉他，你感觉到自己在他面前最好是保持沉默。

在这里关键是要指出，当你与这种人接触的时候，你的热情马上一落千丈，当你和他谈过之后，再也没有什么东西是值得兴奋的了。

"你陷入热恋之中又怎么样呢？每天都有人陷入爱河，但这可能不会长久。""我为什么要为一个新同事而欢呼雀跃呢？这会给我带来什么变化吗？我看起来真是愚蠢透顶。"

另外，你一定要扪心自问，我的热情为什么会一落千丈，伊阿古这样的人物在其中起了什么作用？

首先，他并不分享你的快乐。

其次，也是更坏的，他会告诉你或者向你暗示，你的热情既幼稚又天真。仔细想一想，你会发现他总是尽力让你感觉到自己是多么的不成熟。

### 如何对付"那又怎么样"类型的伊阿古

将你的兴奋时刻与那些赞赏你的所作所为的人一起分享。这些人才是真正关心你的朋友。如果一个人真正站在你的一边，他一定会希望在你的生命中发现光点。一个好朋友与你共同分享这个快乐的时刻，纵使你们都意识到某种偶然因素可能导致事情失败。

在一件事情开始的时候，我们为什么不能满怀信心、充满希望呢？为什么我们不能将它描绘得像爱情一样美好呢？让我们想象失败的结果，那太容易想象了。即使我们注定要失败，至少我们还能拥有很多美好的时刻。千万不要像伊阿古一样过一种玩世不恭的生活。

伊阿古总是暗示，成熟的人从来不会兴奋，我们不要成为这种观点的牺牲品。

更糟糕的是，他总是告诉你，你最好什么也不做。我们把过多的时间浪费在这种悲观失望、无所事事之中会缩短我们的生命。而一个真正的朋友会照亮你的道路，鼓励你勇往直前，并且不管是成功还是失败，他都与你共同分享你的胜利和喜悦。

如果他坚持向你灌输这种"那又怎么样"的态度，你有权向他指出其危害性。如果你根本就无法说服他，那么你大可不必将他放在心上。

任何人对任何事情都可以说"那又怎么样呢"，但我们一定要记住，

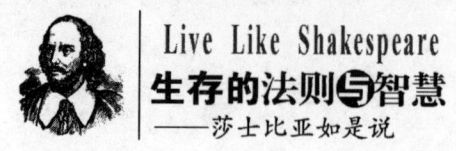

生活的意义在于我们必须有所追求，必须看重一些事情，而不是一切事情都毫无意义。这种类型的伊阿古总是打击我们的生活热情，如果我们不加防备的话，一定会深受其害。

### "自我陶醉"型的伊阿古

这种类型的伊阿古同样对你的成就不屑一顾，在他面前你总是感到毫无价值。但他却绝对不是"那又怎么样"类型的人。恰恰相反，对他来说，很多事情都是相当重要的。问题在于他认为这些重要的事情只与他自己有关，而与你无缘。

当你告诉一个自我陶醉者，你在工作中得到升迁的时候，他会马上告诉你他的升迁过程。如果你告诉他你的一个假期计划，他会马上谈及他自己的计划。他也许会猜想你认为他没有听见你的话，事实上他听得一清二楚，他只不过顺着你的谈话而谈及他自己的事情。

如果你打电话给一个自我陶醉者，并向他请教一个难题，他或者是置若罔闻，或者就直截了当地赞成你的观点，他告诉你你一定会轻易地解决这个问题。他用这种赞成把话题转向他真正感兴趣的主题——他自己。你有可能因他的赞成而沾沾自喜，但当你挂断电话之后，你会突然意识到你们谈论的只是他而不是你。

像对所有类型的伊阿古一样，你必须首先敏锐地识别他是一个自我陶醉者。之后你会感到自己永远是次要的，好像你的生活总是无关紧要的，而只有他的生活才是重要的。

一旦你猜想他正在通过此种方式来败坏你的情绪，你可以马上去验证你的猜想，只要你计算一下你们用多长时间来谈论他的问题，又用多长时间来谈论你的问题，二者一比较，一切问题都会不言自明。

如果你想进一步验证，那么就找一个有关你的主题，然后拨通电话，你首先和他谈论有关他的工作、生活，他会饶有兴趣与你谈个不停，大约

## 第四章 | 理智的爱

半个小时以后,你再提出自己的主题,这时他会对你的话题全然不顾,仍然叨叨不休地谈他自己。你再次提出自己的主题,如此数次反复,你就会验证他是一个自我陶醉者,因为他拒绝谈论有关你的任何事情。

### 如何对付"自我陶醉"类型的伊阿古

同样,如果你了解了你要对付的是一个什么样的人,那么你就赢得了战争的一大半。一旦你意识到不可能通过任何方式抓住他的兴趣和注意力,那你就自由了。

如果你努力想让他与你谈论有关你的事情而不是他的事情,这种努力完全是徒劳,你千万不要存此奢望。这样做只会使你心情沮丧。至多,他会等你把话讲完,就像等待一辆通过的火车一样,然后他就可以滔滔不绝地谈论自己了。这期间他会神情呆滞地看着你,你所说的他都听而不闻。等轮到他讲的时候,他马上兴高采烈地开始自己的表演。

一个真正的"自我陶醉者"在谈话不涉及他而只与你有关时,会完全忽视你。但对于一个并不完美的"自我陶醉者",他有时会作出某种反应,那就是告诉你你的话都是错的。

你唯一的希望就是直接面对这个人,并且只有在这个人有意亲近你时这样做才有价值。他好像对有关你的问题都不感兴趣,你没有勇气告诉他任何有关你的事情。

然而,你一定要谈到自己,当他转变你的话题时,你要毫不犹豫地表示反对,他有可能不愿意接受,但又不得不假装接受。这就是一个开端,慢慢地终有一天你会战胜他。

如果你认为这个"自我陶醉者"的存在让你很不高兴,打算断绝和他的关系,这非常容易,只要你在他面前总是不停地谈你自己,从不转向他的问题,他很快就会不再给你打电话并从你的生活中消失。

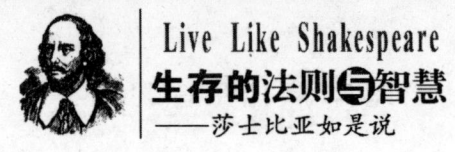

## "嫉妒"型的伊阿古

"嫉妒"型的伊阿古憎恨你的成功,他经常通过轻视你的所有来伤害你。即使你做得非常成功,以至于让他都非常激动,他还会向你暗示,你做得并不算太好,因为你拥有他们想要的东西。

"噢!我真没想到你会买一辆这么小的车?"这句话翻译成嫉妒型伊阿古的话就是——"你能每两年就买一辆新车,而我却要经过十年,我嫉妒死你了。"

"嫉妒"型伊阿古典型的特征就是嫉恨你的快乐,他们总是想方设法刺激你的好心情。他们总是装着向你提供一些建议,并且暗示这些建议是你所必需的,以此来掩饰他们心中的嫉妒。然而他们的所谓建议与其说是为了帮助你,不如说是为了伤害你。

许多强制建议的提供者正是那些心存嫉妒的人。

"你不应该过一个如此奢侈的假期,而应该把钱节省下来。"

这句话貌似表达对你的关心,实际上是那些心存嫉妒的人通过使你感到内疚来剥夺你从假期获得的快乐。

嫉妒的伊阿古认为你生活中的任何事情都有毛病。他会因你独身而嫉妒,因你结婚而嫉妒,因你有一个工作而嫉妒,因你和孩子们在家不去工作而嫉妒,因你年轻而嫉妒,因你年老而嫉妒,因你职业的成就而嫉妒。

更有甚者,当他们所拥有的比你还多或者与你同样多的时候,他们仍然会莫名其妙地嫉妒你。一个比你富有两倍的富婆会因为你买了一块宝石嫉妒你,虽然她可以轻易付得起5个宝石的价钱。

有时候,嫉妒型的伊阿古会在你的好运气面前扮演伤害你的角色。如果你将时间和金钱花在自己身上而忽略了他们,他们便会以各种方式"哭穷"。他们会说:"哦,以我的财力,我不可能住得起那么高级的宾馆。"就好像他们的自尊心受了伤害一样。

# 第四章 理智的爱
Live Like Shakespeare

更糟的是，他们会想方设法降低一切东西的价值，只要这些事情与你有关。因为只有这样才能减轻他们心中的嫉妒。他们会使你看起来好像若有所失，于是他们就感到心里平衡了许多。

## 如何对付"嫉妒"型的伊阿古

遇到这样的人，你会发觉自己有一种内在的冲动，那就是你总是试图把发生在你身上的好事情都掩盖起来。

你会感觉到这种冲动，你不在这些人面前讲述你的新爱人，因为他们会使你们感到愧疚，或者他们会贬低你的爱人。

我曾经看见很多人成为嫉妒型伊阿古的牺牲品，就是因为他们没有很好地辨认他们并抑制他们的危害。

抑制你可能有的任何冲动，以便使你成为完全不同于嫉妒型伊阿古的人。

不要自吹自擂，但要拥有自信，自由地拥有你感到骄傲的东西和你已经成功获得的东西，如果别人故意贬低它的价值，而你又希望和他保持公开的联系，那么就告诉嫉妒型的伊阿古，你和他们永远不同，或者当面问他们，"难道你就不能与我共享我的成功吗？"

永远不要陷入这种境地：即你要为你认为有价值的东西辩护，使自己陷于被动防守的地位。如果你突然间发现你不得不为你的朋友、你的车、你的爱人而辩护时，那么你就落入了嫉妒型伊阿古的圈套。

你要永远为你的成就骄傲，因为这些成就是别人无法企及的。那些在你所取得的成就和金钱面前自愧不如的人，如果他们真正摆脱了嫉妒心的约束，他们会分享你的成功。真正的朋友会为此感到骄傲，如同这是他们自己的成就一样。这才是你生活中真正需要的朋友——而不是嫉妒型的伊阿古。

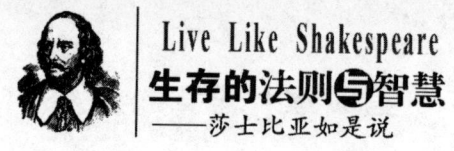

### 毒害者

毒害者是最难识别的一种类型的伊阿古,因为他们的问题看起来都出在自己身上,而与你无关。这些人是一群无可救药的精神颓废者。当他们陷入一种消极情绪之中时,会使你也长时期地遭受痛苦。虽然他们自己也会因这种情绪而受害不浅,但是关键的问题是他们会有效地使你也变得颓废,好像他们存心要这样做一样。

他们的毒害会以各种形式表现出来。他们自己总是悲观失望,愤世嫉俗,好像生活已经抛弃了他们。你可能会同情他们,或者说他们已经抓住了你的神经,换句话说,跟他们在一起就是一种损害。

你可能会深深陷入到他们的悲观颓废的情绪之中,而自己却全然不知,好像什么也没发生一样。但实际上,他们会给你带来无穷后患。

他们正在实施的毒害就是心理学上所谓的"情绪传染"。他们把自己感受到的通过某种形式传染给你,有时是故意的,有时是无意的。

与他们相处一段时间以后,你会突然发觉自己对什么都看不惯,生活也已经离你远去。

比如说,你和一个人相处,他总是不安地谈到可怕的经济形势和对失业的恐惧。他会说:"他们都在裁减人员,噢!可怕的年代,你知道某某人已经失业了吗?我想他再也不会找到工作了。"

你并未预测到这些事情会发生在自己身上,但这个人已经把这种特别的恐惧传染给你。某个早上你一觉醒来的时候,你会发现这种恐惧已经在你的心中深深扎根。

我的一个熟人每次在和自己的母亲交谈之后,都会为自己和孩子的身体健康担忧,而且这种感觉长期纠缠着她。她的母亲有一种敏感的忧虑症。她整天地听收音机,收集一些关于健康危机的信息。"你知道吗?一个妇女在一个高级餐馆吃了一些东西,没想到三个小时以后……"这个故

## 第四章 理智的爱
Live Like Shakespeare

事让她的女儿担惊受怕了很长时间。

这种毒害的一种十分微妙的形式往往是带着恶意去实施的。这样做的人通常内心十分阴险，他们认为自己已经毫无希望，就尽力把这种无望的感觉传染给你，让你跟他一起堕落下去。这些施毒者往往通过盛赞别人的方式来达到他的目的，比如一个你们都认识的人或者某一个电影明星、新闻人物等。

当你的母亲总是告诉你她是多么喜欢你兄弟的妻子，却从来不提你的妻子的时候，当一个朋友总是在你面前谈论一个女演员是多么可爱的时候，你会感到自己心中有一种无名的恼火。可是实际上你同样认为你兄弟的妻子很可爱，你又怎能辩驳呢？同样你也赞同你的朋友对女演员的评论，事实上你也很喜欢她的电影。可这无名之火从哪里来呢？

关键的问题在于当你把这些评论收集起来，你会感觉自己很差劲，总是不如别人。它传染给你一种感觉，那就是自己总是第二流的，就像评论者认为的一样。

做出这些评论的人好像其目的就在于让你偏离正轨，情绪不定。即使他们不是有意伤害你，但他们仍然把一种坏情绪带给了你。你会感觉自己好像是一个失败者。

现代心理学研究了为什么一个人在全然不提自己是如何感受的时候，却能使其他人以同样的方式去感受。

莎士比亚在他的作品中也谈到了这一点，他指出某种特定的情绪是可以传染的。在戏剧《威尼斯商人》中有一个人物——安东尼奥，他说悲伤是一种咒语。在另一部戏剧《特洛伊罗斯与克瑞西达》中，他描述了一个人的愤怒如何能够点燃另一个人的愤怒之火："愤怒引起愤怒就如同同情引起同情一样。"

莎士比亚认为勇气和恐惧都是可以传播的，例如在一场战斗中他借亨利六世妻子的口说：

"我的君主，振奋你的精神，我们就会接踵而至，像这样的萎靡不振

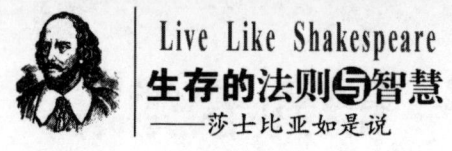

连你的花都会枯萎。"

莎士比亚在谈到这种情绪的扩散时还真的用了"传染"这个词,战争中领袖的情绪决定了士兵们的士气,在战争这种典型环境中最能验证这一点。

### 如何对付毒害者

我们该如何与这种"情绪传染"作斗争呢?

像对付任何心理学难题一样,开始时我们必须要洞察一切,对正在发生的事情有清楚的认识。

假设你意识到,"当我和丈夫参加了一个朋友聚会之后,总是感觉自己已经青春不在,容颜变老",你感觉到自己憎恨参加这样的聚会,每次参加了之后,你都会感觉更糟糕,更让你无法忍受。那么你就调查一下,那些人是怎样传染给你这种情绪的。

也许他们中有些人总是喋喋不休地向你谈起自己已经太老了,再也找不到一个称心如意的工作。"在这样的年纪,谁还会雇佣我呢?"他们似乎是在暗示,在 35 岁这样的年纪,没有人会注意他们,所有人都会对他们视而不见。

他们中的另外一些人,对年龄和地位都很敏感的人,总是在你面前嚷嚷他们对变老的恐惧:"我快 28 岁了,并且取得了这么高的成就,我真无法忍受 30 岁时会从事一种糟糕透顶的工作。"

你可能早就过了 30 岁,自然地你会感觉比他更难以忍受这样的事实。仔细考虑之后,你便会意识到这些人都有一种病态的恐惧,他们把这种恐惧传染给你,并且告诉你过了一定年龄之后就再也没有人会雇佣你,你已经毫无用处。

这些人是否故意把他们的恐惧传染给你是无关紧要的。或许那个 28 岁的人只是想尽力指出你和他年龄的差距以便让你嫉妒他,或许他们仅仅是谈一谈自己对未来的恐惧。这些都无足轻重，你的任务就是尽量避免这些消极情绪对你的损害。像对付其他类型的伊阿古一样，一旦你辨别了施毒者正在做的事情，你就已经在很大程度上避免了他的危害。

一旦确定了一个人是施毒者，你就可以告诉他："请不要向我谈论这些糟糕的坏情绪，它们与我无关，请你还是停止吧。"

或者你可以告诉你的一个朋友说："当你不停地向我谈论一个女人是多么美的时候，我好像毫无感觉。"

既然施毒者所传播的东西是他们个人品质的一部分，那么让他们闭嘴是很难的。他们感到世界欺骗了他们，爱情永远不会长久，他们对任何人的成功都冷嘲热讽——这些都深深地扎根在他们的内心深处。你当然不会有时间去治疗他们的痼疾，你能希望的最好的结果就是当你与他相处时能给他充分的注意，以便让他尽力平衡自己的心态。

洞察你生命中的伊阿古是你的快乐所必需的。如果不这样做，你就会落在他们的手中，深受其害。你可能并不知道他们为什么会如此行事，就如同你不能理解戏剧中的伊阿古的动机一样。

或许我们每个人都不可避免地要与各种类型的伊阿古接触，在你的朋友当中也一定会存在伊阿古这样的人，你允许他们进入你的生活并不是你的错，关键是你有责任将他们从你的生活中驱逐出去或者至少让他们对你的损害化为乌有。

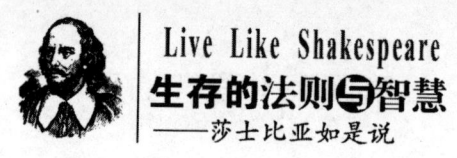

# 法则三　信任也是有度的

　　真正的浪漫并不是非现实的。在生活中表达我们的趣味和爱好，公开地谈论你的蔑视和恐惧，并不意味着缺少浪漫色彩。诚实永远不会破坏爱的神奇浪漫。在生活中爱是非常重要的，因为这样就不会有突然的失望。

　　苔丝狄蒙娜是莎翁戏剧《奥赛罗》中的一个悲剧女英雄形象，但很少有人能细致准确地描述她。

　　莎翁笔下的苔丝狄蒙娜是一个年轻漂亮、天真无邪的女子。我们在戏剧中了解到她爱上奥赛罗，一个潇洒迷人、勇敢无畏、顶天立地的男子汉。当奥赛罗去拜访她父亲的时候，她通过各种场合了解他。她听他讲述自己作为一个幸运的士兵的精彩浪漫的冒险生活，她深深地爱上了他。这种爱深刻无邪，同时奥赛罗也爱上了她，他们幸福地结合了。

　　但是奥赛罗是一个易于产生危机感和不信任感的人，他看见苔丝狄蒙娜轻易地和自己的下属——年轻潇洒的凯西奥成为朋友而痛苦万分。他因有关凯西奥的各种谎言而使精神受到强烈刺激。奥赛罗慢慢地确信苔丝狄蒙娜背叛了自己而移情于凯西奥。

　　奥赛罗没有将这些猜疑向苔丝狄蒙娜当面提出。相反，他却在暗中窥探她，他捕风捉影地收集了各种各样的证据，这些证据表明苔丝狄蒙娜在很多事情上出了错，于是自己经历了巨大的思想转变，他毫无疑问地确信苔丝狄蒙娜再也不喜欢自己了。他不明白为什么会这样，只是把自己的怨

## 第四章 理智的爱
### Live Like Shakespeare

恨和责难加在她身上。

任何一个精神正常的女人都会发现他们的关系正面临危机。但是苔丝狄蒙娜却因爱而迷惑，她迟迟未感觉到奥赛罗的变化。而当她感觉到的时候，又希望事情很快过去。当事情越来越明朗化，她感觉到真的有什么事情出了错，又集中精力去发现自己究竟做了什么错事。

她想知道如何改变自己才能赢得奥赛罗的欢心，而根本没想到她正在失去奥赛罗的爱。

像奥赛罗一样，苔丝狄蒙娜对他们之间日甚一日的感情危机闭口不谈。

现代的读者和评论家对戏剧的反应与莎翁时代的人们截然不同。在莎翁的时代，女人很少当面与她们的丈夫谈论两性关系。高傲的丈夫也总是对夫妻之间的感情问题保持沉默；事实上，大多数莎翁的作品之所以能够有如此强烈的戏剧效果，只是因为两性之间缺乏交流。

### 沉默的羔羊

今天，当我们阅读或观赏莎翁的戏剧《奥赛罗》时，总是有一个问题在我们心头回响："苔丝狄蒙娜，当你发现丈夫的行为如此不可理解，你为什么不当面问他究竟出了什么错呢？"或者："你为什么不告诉他，你真的无法相信他会如此行事呢？"

我们假设这样，奥赛罗就会告诉苔丝狄蒙娜自己的猜疑，那么苔丝狄蒙娜就会将那些对自己不利的证据一一澄清，她就会向他证明自己一直就是清白的。

如此，一场高声的辩驳就会驱逐笼罩在他们头上的紧张空气，他们会发现是隐藏在幕后的奥赛罗的助手——伊阿古捏造了一大堆恶毒的谎言。奥赛罗可以惩罚这个恶棍，这样他和他的妻子就会继续幸福地生活在一起，彼此相爱，虽然有时会伴随一些因误解而产生的偶然的冲突。

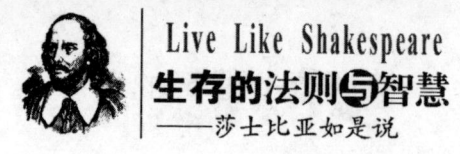

如果《奥赛罗》是一个喜剧而不是一个悲剧,那么戏剧在这里就结束了。但是苔丝狄蒙娜行事却是如此愚不可及,正是她的沉默葬送了自己。她陷入了伊阿古的圈套,而伊阿古向她的丈夫编造了有关她的各种谎言。《奥赛罗》强烈的戏剧效果恰恰来自奥赛罗和苔丝狄蒙娜的情感疏远。观众们站在两边,为他们牵线搭桥,却永远无法将他们拉到一起。

从某种意义上说,苔丝狄蒙娜背叛了自己。她只是忙于努力实现如何改变自己才能赢得奥赛罗的欢心,而对正在发生的事情视而不见。她唯一关心的是不惜任何代价去重新获取奥赛罗的欢心。不管奥赛罗对她做什么,她只是为这样一个事实而骄傲,那就是她会永远爱他。

就在她要被绞死的前夕,她向奥赛罗郑重宣称:

不义可以做很多事情,
他的不义葬送了我的生命,
但却永远无法玷污我的爱。

有关爱的部分是好的,但是疏于保护自己却是错的。在多种场合,奥赛罗称她为淫妇,这都不足以激起她去直接面对他的责难。他在来访的高贵的外国使节面前将她打倒在地板上,那些外国使节当然会为此而深感震惊,但是苔丝狄蒙娜仍然没有为自己高声辩护。不幸的是,今天许多受虐待的妇女仍然像苔丝狄蒙娜一样行事,她愿意将这一切当做一个可怕的噩梦。

然而,就在她尚存最后一口气向目睹她被杀的仆人说最后一句话时,她拒绝承认是奥赛罗杀了她,而是她杀了自己,这是很多接受不公平责难的妇女的一个象征。

从一种讽刺的意义上说,苔丝狄蒙娜葬送了自己。她为了爱情而过于委屈自己,超出了必要的限度。她过于相信自己的丈夫,她想象如果自己改变了,一切都会和好如初。她拒绝承认自己正处在冲突之中的事实。

# 第四章 理智的爱
Live Like Shakespeare

## 现代苔丝狄蒙娜的情绪

今天的妇女很少有人能够长期忍受她们的丈夫的不公正对待而一言不发。苔丝狄蒙娜是一个极端的例子,之所以如此,是因为她生活在一个"极端的"年代,并且莎翁意图将她高度戏剧化。

但是在现代的社会关系中,苔丝狄蒙娜的倾向却是司空见惯。很多人,特别是妇女,往往为了人际关系的融洽而愿意委屈自己,甚至超过一种不自然的限度。

很明显,长期遭受爱人对你的身体的虐待是不对的,但是,人们往往乐于忍受一种精神虐待。

当任何人告诉你,你必须从根本上改变自己才能适合他们理想中的模式时,这就是一种精神虐待。

在任何一种关系中,一个主要的标准是其他人怎样使你感受自己。理想的状态应该是从你的自我感觉出发,你感到很愿意、很舒坦。

爱情的正确的定义应该是,你对自己感觉很好,爱情应该使你增加某种东西。你应该感觉到自己更聪明、更性感、更有能力——而不是缺少了其中任何一种东西。你应该感到自己像一个明星,而不是一个有许多东西要学的小学生。

爱情是你的生活中一切努力的终点,而不是一个起点。

一个爱人是一种奢侈品,而不是一种必需品。即使没有一个爱人,你仍然是一个完全的人,一个爱人的存在不应该使你有任何减损。

## 不要在爱中迷惑

在任何一种关系中委曲求全、屈尊俯就都是不对的。然而,在我们的生活中,我们有时都会做出某种让步或者不自然地做一些违心的事情。有

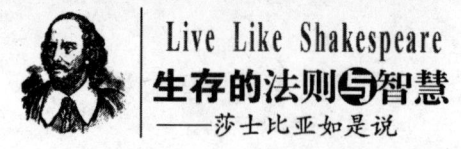

时我们虽然认为演讲者是在胡说八道,而我们仍然静静地坐在教室里听讲。有时在一个休闲的周末,我们不得不穿着正式的服装,以一种体面的方式去做一些自己内心并不情愿做的事情。

但是,如果在私人场合这样去做,那就是一种自我背叛。

人际关系最自然的状态就是我们可以随心所欲地做自己选择的事情。

你可以通过计分的方式来判断你的人际关系状态,从"一"到"十",判断的标准要建立在你在自己的伙伴面前感到多么舒心惬意或者你在多大程度上表现出自己的基础上。

几乎所有的关系都不能达到"十"——即使在我们最亲密的朋友面前,我们也不能将自己的所有想法随心所欲地脱口说出。但是如果真的有那么一个时刻,我们可以接近于"十",那就是我们和自己的爱人在一起,我们可以充分享受随心所欲、自由表达的喜悦。

我们的最自然的状态应该是和这样一个人在一起,那就是我们决心与他终生厮守,共度此生。

真正的浪漫并不是非现实的。在生活中表达我们的趣味和爱好,公开地谈论你的蔑视和恐惧,并不意味着缺少浪漫色彩。诚实永远不会破坏爱的神奇浪漫。在生活中爱是非常重要的,因为这样就不会有突然的失望。

然而,很多人发现自己在人际关系中总是充满焦虑和恐惧。他们的伙伴从本质上就具有一种奥赛罗式的痼疾,他们总是释放出一种对什么都不满的感觉,他们总是要求别人做得更好。

如果你和这样一个人在一起,你就会倾向于陷入他们要求的一种模式。他们会让你内心中产生一种热情激励之下的焦虑,你会因这种焦虑而困惑不安。

你不可能达到他们要求的程度从而使他们满意这一事实使你错误地认为他们才是优越、强大的,而你自己则是渺小卑微的,而事实上你可能做得很好,只要你拥有自信。

## 第四章 理智的爱
### Live Like Shakespeare

**切勿屈尊俯就，委曲求全**

如果你的伙伴是这样一个人，他总是不断地向你暗示你做错了什么事情，那么就像苔丝狄蒙娜一样，你有可能努力寻求如何改变自己。这样，你的伙伴就把你从一个在任何关系中都至关重要的问题中引开，这个问题是：

"这个人是怎样使我有这种感觉的？"

相反，你的思想已经被这样一个问题缠住，那就是你如何做得更好才能使他赞赏，才能在他眼中是好的。你的伙伴已经向你暗示，如果在某种事或某些事上有所改变，符合他的心思，那么一切都会好起来。

"如果你多花点时间和我在一起，而不是把时间都浪费在那些孩子们身上，那么一切都会不同了。"

"既然你对生意和外面的世界这样感兴趣，为什么你不看一看吉姆·勒沃尔的新闻时空呢？为什么你不读一读趣味杂志呢？"

"某某的妻子参加了一个网球队，而不是整日在大街上闲逛，或许你可以像她一样做一些竞争性的比赛，你不应该总是这么懒散。"

或者有人会含沙射影，旁敲侧击。你的妻子对你说："丹这个人总是穿着入时，他非常注重自己的外表，这是他妻子之所以为他感到骄傲的原因。"

这些暗示的比较和批评渐渐地会表面化。你会日复一日地感觉到在这种关系中若有所失，你为了做得更好而疲于奔命。不如意的事情接二连三地出现，好像你已经一无是处。如果你回顾过去的一段时期，你会发现你的生活好像是在不断地努力把一系列任务做得更好，而好的标准却掌握在别人的手中，你已经丧失了自己的判断。

从另外的角度来看，任何一种关系的开始都意味着你要有所改变而成为别样的人。但是在这个过程当中，你千万不要丧失自己的判断而屈从于

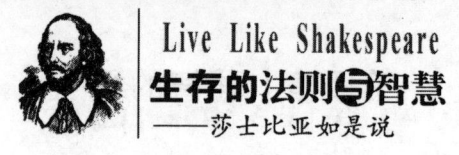

别人的想法。

## 不要一味地相信你的爱人

不要认为,你在别人认为错的一两件事情上能有所改变,那么一切矛盾就会迎刃而解。

问题的症结往往隐藏得很深。问题不在于你,而完全在他自己。

在莎翁的戏剧《尤里斯·恺撒》中有一个人物这样说:"一个真正的朋友的眼中绝对看不到这样的缺点。"

如果你在爱人面前感觉到自己总是不得不做连续不断的一系列调整或改变,那么一定有另外的事情在困扰着你的爱人,他或她应该注意的是自己,而不是你。

有关爱情的指导书经常假定,批评你的爱人是有建设意义的,它能让你的爱人改正缺点,完善自身。这些书还建议如何去促成这种"完善"。他们想当然地认为一个不满于自己丈夫坏脾气的女人别无选择,她只能慢慢地去改变他直到他能从自己的坏脾气中解脱出来为止。尽管这可能要花上十年时间,而她的丈夫在其他方面都无可挑剔。

他们自认为那些因自己的坏脾气而不断地被指责的人无条件地丧失了爱情,除非他们的毛病得到纠正。

或许那个丈夫的缺点是真实的,但是这种态度、这种除非他改变自己否则就不值得去爱的同情的暗示却是让人无法忍受的。你不能以一定的标准批评一个人而忘记了他的优点,从更广泛的意义上说,他并不是一无是处,他有自己的价值。

我发现有很多关系遭到破坏就是因为过分强调别人的缺点、失败,而实际上症结在于那个指责者不能忍受不完美的人,他过于求全责备,吹毛求疵。

我的一位邻居嫁给了一个工作努力并取得很高成就的成功的企业家,

当她到我这儿来的时候，总是对自己生活的奢侈和舒适很不满。

过了几个月之后，我发现原来她认为自己的丈夫愚不可及。他每天要工作 12 到 14 个小时，回到家里，已经筋疲力尽，再也没有心情和她一起去看歌舞剧。她总是抱怨他缺乏艺术修养，毫无疑问，事实的确如此。

这是使她不满的她的丈夫唯一的缺点。当她嫁给他时，她深深地爱着他，现在也仍然如此。但是二十年过后，她丈夫在她心目中的形象却是笨拙而无修养的。

当她的丈夫离开她而移情于自己的行政助理——一个无文化、无内涵的女人时，她感到非常震惊，但是她仍然将他视为一个杰出的企业家，事实上他也的确如此。

这个男人几年来一直努力委屈自己来求得妻子的欢心，他试图在自己紧张忙碌的商业生活和妻子的理想世界——出门看剧之间架起一道桥梁。然而，妻子对他的否定评价让他无法忍受，他再也不想在妻子手持的镜子中看自己了。

不幸的是，这个女人不能看清她的真正的不满恰恰存在于她自身之中。

### 不要站在别人一边来反对你自己

在爱的关系中，对于被指责者一个最大的错误就是转过来反对自己。与其尽力改变自己以便重新赢得爱，不如直面指责者的蛮横无理，以便赢得他的尊重。

当你正在做的事情是为了抓住别人对你日益衰微的尊重的时候，你的任何改变都无济于事。

通常一对夫妇之间的关系有问题时，一个人总是有理有据地解释他为什么对他的伙伴如此不满。大多数场合，指责者是男人。

例如，一个男人抱怨他的妻子是一个谨小慎微的司机。他不能忍受每

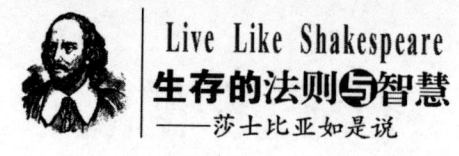

次转弯时都要等很长时间。他说她的畏首畏尾让他发疯,因为这总是让他想起他的妻子在其他方面也是如此畏首畏尾。

这个女人将丈夫的指责记在心上,可以说是铭刻于心。她承认自己是一个犹豫不决的驾驶员,她甚至承认她的丈夫可能是对的,她对一切事情都犹豫再三。她向丈夫保证自己会尽快改变,并说自己能够理解丈夫为什么对自己如此生气。

她正在扮演苔丝狄蒙娜的角色,而自己却全然不知。

当人们这样做的时候,几乎总是有一种特定的表情在他们的脸上呈现。我看见这个女人面色苍白,备受打击,毫无希望,她自感心中有愧,无法推诿,只能恳求他的原谅,希望得到他的同情,同时宣称她是如何爱他。

事实上,她已经无路可走。

问题的关键不在于她是不是一个谨小慎微的司机。作为一个旁观者,我一眼便能看出问题出在她的丈夫蛮横无理的态度上,他仅仅根据一个微不足道的小毛病就对她作出了完全否定的评价。而她也完全接受了丈夫的假定和对自己的否定判断,她本应该对丈夫的态度提出质疑,并针锋相对地予以反驳。

她改变自己的努力被证明是没用的。经过一段时间的心理专家治疗,她认识到改善自己地位的唯一方式就是提出自己的要求。

面对她的丈夫,她做出了真正的"改变"。当她的丈夫坚持让她搭车的时候,她宁肯步行。这样,她突然之间赢得了自信,表现自我的愿望也变得空前强烈。

后来,她发现她的丈夫一直被工作所困扰,因此把怨气都发泄在她身上。通过坚定地站在自己一边,她将自己的丈夫从自我迷恋中拉出来,并且平生第一次成为一个坚强的同盟者,而不再是一个追随者。

这个女人开始时犯了一个错误,她过于相信丈夫对自己的分析判断,想象着如果自己按照丈夫的模式有所改变就会改善他们的关系。一旦认识

## 第四章 | 理智的爱
Live Like Shakespeare

到自己不应该相信丈夫对自己的否定印象，她就能够发现他的不满的心理根源。唯有如此，她才重新获得了一种心理平衡。

当你感到自己受到攻击时，就要扪心自问，"这种关系让我感受如何？"

如果答案是这些天来你感到自己像一个粗心大意的家庭主妇，或者是一个生意上的失败者，或者是一个缺乏想象力的人，这时你就要从一个更大的背景中来观察。添加一些细节，即使是那些抱怨之词，也会延缓进一步的批评。努力去发现困扰其他人的东西究竟是什么。

如果他正为日益变老而焦虑，这促使他不断地告诫你要经常锻炼身体，或许你真的要多锻炼身体，但是为你自己而锻炼，而不是为了他。

如果你与他的同事共进晚餐，他抱怨你对生意上的事情一知半解，或许他正在为自己工作上的失败而怨气冲天，这并不是他抱怨你的正当理由，你也没有必要对他的抱怨保持沉默。

### 做一个"角色替换"的实验

或许你与某个男人相处已经11年了，或许你们上个月才相识。你们两个关系相当密切。你深深地被他吸引，爱上了他。当然你可以列一份清单，写明你对他不满意、他需要改善的地方。他吃饭太快了，他对服装有一种特别的嗜好，他总是大谈特谈自己的离婚让你耳根生厌，诸如此类，不一而足。

想象一下自己会因为他的这些缺点而不再爱他吗？你会每天翻来覆去地谈及他的这些缺点吗？

或者你还是需要向他传递一种信息，如果他不改正自己的这些缺点，那他就麻烦了！

如果你这样认为，那么或许你已经不再爱他，或许你真的被有关他的这些细节所困扰，在这种情况下，你最好是停止和他交往。

当然，这种评判不是单方面的。当你对他作出评价时，他也同样在这

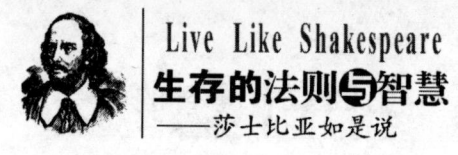

样做。

现在让我们假定,把我们的角色替换一下,把你想象成他,把他想象成你,你便会发现,你不会因为一点小小的毛病看低自己。

你可以扪心自问,为什么你不会轻视自己呢?如果我们再还原各自的角色,难道我们应该轻视别人吗?答案在于这样做对他太不公平了。你感到他的优点远远多于他的缺点,两性关系、朋友情谊、共同的志趣以及共处的快乐远远重于任何缺点和不足。你可能不喜欢他身上的某些东西,但你没有必要每时每刻都把它提出来以此来扼杀你们的感情。

如果你这样想,那么为什么他不能这样想呢?

为什么他不能将你身上的优点看得重于你的缺点呢?为什么他不能心平气和地面对你的缺点呢?为什么他不能像你一样感受呢?

毫无疑问,他的批评很可能是一种借口,他或许已经不再爱你,或许他根本就没有爱过你。在任何情形之下,你委曲求全都于事无补。没有什么能够帮助你,除非你直面他的指责,并针锋相对地加以反驳。

### 哀莫大于心死

莎士比亚经常遭到攻击,因为他塑造了众多遭受男性不公正对待的女英雄形象,这种说法或许是对的。

戏剧《哈姆雷特》中的欧菲利娅是哈姆雷特怨恨女人心理的牺牲品,这种怨恨来自他的母亲嫁给了杀害自己父亲的凶手。欧菲利娅因为哈姆雷特总是心事重重、自怨自艾而痛苦万分,哈姆雷特却对她视而不见,甚至诅咒她,最后她变得精神失常,以自杀结束了自己的生命。她死的时候沿着一个小溪漂流而下,身上覆盖着花朵。

在戏剧《错误的喜剧》中,一个女人对女人的地位作了一个总结:

既然我的容貌不能打动你的眼睛,

## 第四章 理智的爱

我将为失去的一切而哭泣，一直到死。

以下是一些准则，它会帮助你免于陷入苔丝狄蒙娜的陷阱：

**1. 在关系的开始就充分地展示你自己**

如果你的爱人是一个喜欢运动的女人，不要撒谎说你也喜欢运动。因为这种事情早晚要暴露出来，你将会过一种痛苦的生活，当你无法做到的时候会成为别人的笑料。

不要假装去迎合别人的心意，即使是一点点违心也不可以。人际关系中的差异是健康的。如果你的爱人不能忍受差异，那么你也没有必要去忍受他。历经多年，一些无法预见的差异会纷纷涌现。如果他真的不是一个愿意在差异中和睦共处的人，你会慢慢认识到这一点。

**2. 不要接受有条件的爱，这种爱要求你做某种改变**

如果你真的感觉到别人的批评触动了你的伤口，这种批评对你有益无害，你当然可以让出自己的领地作出某种改变。但是如果你不得不做某些事情，改变自我以便赢得别人的欢心，那么你千万不要有丝毫动摇。即使你真的有所改变，也必定是为了自身的利益。

**3. 不要进行一种"猜谜游戏"，好像是你做错了什么事情**

如果你的同伴在和你的交往中看起来很痛苦，或者他见到你并不是很高兴，不要怀疑你好像做错了什么事情。有一些人总是故作严肃的表情来吸引别人的注意，或者促使你仔细思忖好像出了什么事情。如果他没有告诉你究竟出了什么事，你大可不必跟他玩这种"猜谜游戏"，千万不要怀疑自己，并且自问："我哪里做错了呢？"

不要认为如果你以某种方式改变了自己，别人就会重新喜欢上你。这种谬论是司空见惯的。可是如果你按照他的想法改变了自己，总会有其他的事等着你去改变。如果他让你很痛苦，那么首先讨论一下他的行为动机。

如果你受到身体强制，那么就发出一个最后通牒，并且把它坚持到

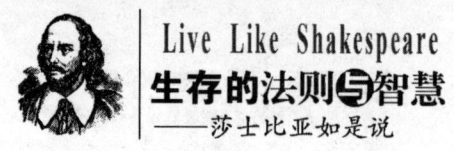

底。警告那个人再也不要有同样的事情发生,如果事情真的发生了,那就要不惜任何代价去保护自己。永远记住,暴力是逐步升级的。

### 4. 留住你的朋友

在友情的自然发展中不可避免地会发生某种变化。但是,如果你的伙伴对你保持长期密切交往的朋友一贯采取蔑视的态度,这就是一种危险的症候。他很可能正在下意识地使你加入他的行列。千万不要让这种事情发生。

即使他正在做的事情不是由于这个原因,如果他真的是一个同盟者,他会为你有这么多志同道合的朋友而高兴,而不是在你面前处处诋毁你的朋友。

如果正处在一种不愉快的人际关系中,那么你不妨每天写日记,看一看一个月中你有多少天是过得快乐而有意义的。

这是非常重要的,因为如果你是一个委曲求全的人,你会乐于以某种方式来欺骗自己,你会对自己说:"在某些时候乐得不做出某种让步。"有一种倾向使你忘记你已经在多大程度作出了让步。一本日记可以帮助你时时记起在一段时期自己在多大程度上委屈自己而向别人作出了让步。这将会让你对自己的生活有全面的透视。

# 第五章 找准自己的中心

- 法则一　保持年轻的心态
- 法则二　生活中不需要神秘人
- 法则三　要经得起抬举

## 第五章 找准自己的中心
### Live Like Shakespeare

莎翁在他的作品中强烈地反对我们成为"热情的奴隶"。作为一个具有深刻洞察力的人,莎翁深刻了解人性深处的弱点,他认识到,为了使我们的生活更充实、更完美,我们必须敞开心灵,海纳百川,让各种各样的感想和愿望在自己的心中都占有一席之地,而不能让任何一种单一的欲望和冲动主宰了我们的心灵,将其他思想情感拒之门外。

一个明显地破坏我们内在和谐的实例就是我们过分沉溺于嫉妒之中。但是,还有另外一些更为强大的"热情",让人难以察觉,就像毒品一样,我们深知其害,却往往不自觉地沉溺其中。

例如,一个人有着强烈地操纵、控制他人的欲望,他让这种欲望膨胀得自己都无法控制。这样,他再也无法让自己的内心容纳其他的情感,比如说对爱的渴求。

同样,一个人长期被一种对年龄的恐惧或者是绝望的思想所主宰,他就真的成为他所恐惧的那种东西的奴隶。他会变得精神萎靡,心理上也会未老先衰。自怨自艾很快就会成为一种控制力量,它会使你的生命力耗竭,让你大伤元气,而且会将朋友从你的生活中赶走。

即使那些明显对我们有利的情感也会因为我们过分看重它而成为有害的东西。成功的喜悦和对它的努力追求会使我们忘乎所以。真正的个人成功永远不会在一个人的生命里出现,如果你过分看重它的话。成功是没有止境的,当一个人将自己的成功与别人的成就稍一比较,就会发现自己还有更高的台阶要去攀登。

在生命的自然发展过程中,生命形式从较低级走向较高级,我们发现标志着生命较高等级的就是他们的认知能力。

比如,蚂蚁能够进行比较复杂的行为,但所有这些行为都是遗传的。一只蚂蚁天生就能将自己与同一物种的其他群体区分开来,因为同一群体的蚂蚁的行为方式基本相同。蚂蚁有一点点认知能力,但它们不能改变自己的自然特征。

我们的狗和猫依靠更高层次的本能的平衡,它们能够认知得更多。而

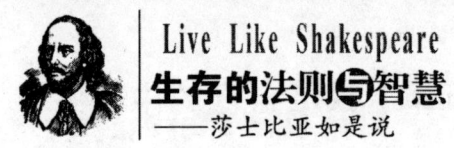

# Live Like Shakespeare
## 生存的法则与智慧
### ——莎士比亚如是说

类人猿则在很大程度上通过经验去认知。唯有我们人类,这种最高层次的生命形式,能够通过不断地改变自身来完善自己。

这种内在改变,这种自我完善的能力,赋予我们人类一种独特的适应性——人类学家称之为"可塑性"。我们可以采取不同的生活方式以适应复杂多变的气候,我们可以通过改变自己的内在思想感情来使我们思想更健康、更完善。这种自我改变的能力是我们最大的生存技巧。

然而,我们的个人特征易于改变的事实同时也是一种危险,可能成为酒鬼和吸毒者,可能成为丧心病狂的赌徒,可能对命中注定的东西心存怨恨,比如说对难免一死的恐惧。我们会心灵扭曲,精神变态,这是其他任何生物无法达到的。

我们来到人间时一无所有,可我们创造了一切。这意味着我们要时刻警醒,千万不要让自己成为某种可怕情绪的主宰者,成为连自己看着都生厌的人。

完善你自己意味着你要保持一种平衡——内在的心理平衡。也就是说你不要做任何所谓的"心理计划",因为这些心理的目标会主宰你、控制你。也不要让任何外在的东西改变你的生活态度和生活追求,更不要让任何单一的情绪和态度占据你的心灵,主宰你的生活。

内在的平衡是希望和冲动之间的和谐。它要求你拥有自信,主宰自我。它要求你尊重自己的感想,同时又保持在自己能够控制的限度。内在的平衡会因坚强的友谊而变得牢不可破。

如果你已经开始努力地改善自己的生活,净化自己的心灵,那么你就拥有了内在的心理和谐,就会永远充满自信,即使在前进的路上遭遇激流险滩,你也会一往无前。

有一点非常重要,就是你千万要提防各种随意而生的所谓"策略"。一旦你开始用某种策略去处理某种关系或者去控制某个人,你就开始不自觉地对这种策略产生依赖。这个策略会成为一个主宰你的魔鬼,你将再也看不清自己的真面目了。例如,你处心积虑地想进入到某种特定的社交关

## 第五章 找准自己的中心
### Live Like Shakespeare

系中,而你使用了所谓的"策略",这时就意味着你轻视了有价值的人,同时你也疏于保护自己。

当你用任何策略去控制别人时,你等于在说:"我自己是缺乏魅力的。"你过于依赖这种策略而对自己失去了自信。

在任何情况下,从长远的眼光看,"策略"很少能发挥作用。人们很快就能对它洞若观火,甚至你也会成为人们下意识中的敌人。即使策略一时间看起来好像发挥了作用,实际上,它也是最恶劣的方案。你会对自己的"策略"上瘾以至再也不能摆脱它,放弃了它你就会无所适从。你会因为没有它而恐惧万分,最后你的人际关系和你的生活都会一塌糊涂。

外在的事件也会破坏你内心的平衡,如果你过分看重它的话,比如说你对自己日益变老而恐惧万分,就会使你精神崩溃。

甚至成功也会使你偏离中心、忘乎所以(突然的成功被列为导致自杀的十个最大的原因之一)。面对纷繁芜杂的外部世界,那些没有心理承受能力的人会被一些突发事件弄得晕头转向,不知所措。

总之,不论是哪种单一的情绪或态度主宰了你,你都会失去生活的完整性。不管这种情绪是嫉妒、无望,还是对日益变老的恐惧,你会变得固执、偏激,将丰富多彩的世界拒之门外。

心理的和谐是莎翁作品中的一个重要的主题。他在他的戏剧和诗中反复地谈到这个问题。在《十四行诗》中,莎翁对古希腊人的推崇自我击节赞赏。莎翁自己也是襟怀坦荡,他敢于接受各种情绪的挑战的能力也证明,没有任何一种情绪可以主宰他。

在《安东尼和克莉奥佩特拉》中,莎翁塑造了一个热衷于"心理计划"的妇女形象,在《李尔王》中,却是一个完全不同的心理扭曲的类型,《驯悍记》中的一个小人物向我们展示了贪婪和野心是多么容易使我们心理错乱,忘乎所以。

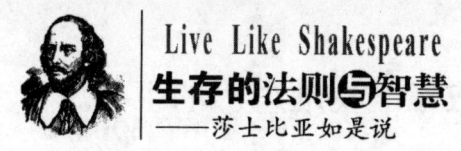

# 法则一 保持年轻的心态

我们年纪有多大对我们并不重要。莎翁曾经开玩笑说，时间是一个秃子，对我们丝毫没有影响。但是我们自我感觉有多大却是至关重要的，我们一定要控制自己，不要让自己的心理变老。

在莎翁的作品中，李尔王是老年人的一个极端代表。李尔王犯了很多经典性的错误，至今让我们心有余悸，因为很多人都曾为此付出过极高的代价。

民间传说中的李尔王是古英格兰的一个国王，因为在自己还充满活力之时就让出了自己的王位而声名远扬。他把王位让给了三个女儿中的两个。在莎翁的戏剧中，他被描述为一个虚荣心极强的人，他渴望年轻人对他的赞誉，只要他们赞美他英明地让出了王位，他就自我感觉好像自己仍然是一个当权者。

李尔王剥夺了他的小女儿——考狄利娅的继承权，只是因为她拒绝违心地赞美他以便赢得他的欢心，而实际上，她才是真正爱他的。李尔王将他的全部所有给了他的另外两个女儿，她们自私、狠毒，千方百计去奉承他，向他讲述他喜欢听的一切。

李尔王给了她们王位后，两个女儿转而反对他。她们让他变得一无所有，甚至连仆人都不给他。李尔王变成了一个无家可归的人。

在整部戏剧中，李尔王笼罩在一种自怨自怜的情绪之中。他说自己是

## 第五章 找准自己的中心
Live Like Shakespeare

罪有应得。在强烈的虚荣心的驱使之下，他变得盲目，不能辨别谁才是真正的朋友。他是自己错误判断的牺牲品，他孤独无依地徘徊在僻静荒凉的乡间小道上，精神处于崩溃的边缘。

### 李尔王综合征

在老年人该如何面对生活这个问题上，李尔王的判断在很大程度上是错误的。他倾其所有，让与他人，然后就痛苦地抱怨自己的悲惨命运。他感到软弱无力，孤独无依，精神颓废，并将这种情绪带给别人。他以此来干预他人的生活，努力想对他人施以精神控制。他固执己见，认为一切事情都只有靠一种方式去实现，此外别无他途。

戏剧《李尔王》的伟大之处不仅在于它的令人难以置信的戏剧效果和精彩纷呈的诗意色彩，更重要的是，李尔王是一个不朽的典型。李尔王这个因自己的过错而导致精神失常的人一直深深地吸引着我们。在现实生活中，我们并不愿意见到这样的人，但几乎每个人都曾经接触过像他这样的人，对很多人来说，他很可能就是自己的父亲或母亲。

经常有年轻人抱怨自己的父母使他们近乎疯狂。他们的父母退出了生活，不是通过让出一个王国，而是因为自己年龄已经大了，应该停止那些给他们的生活带来快乐的活动。他们不仅不在生活里继续寻找快乐，反而带着对生活的怨恨悄然隐退了。他们以各种不同的方式来表达这种想法，"我已经老了，我所做的一切都不重要了。我把世界留给你们年轻人，你们一定要好自为之。"

这些父母，或许刚刚五十多岁，就丧失了生活的活力，他们用对孩子们的操纵代替了勇敢地迎接生活的挑战。甚至就在他们仍在继续工作的时候，就把这种消极的想法传达给自己的下一代，那就是随着岁月流逝，他们不可避免地要退出生活。

"我已经七十了，还能有什么奢求呢？"

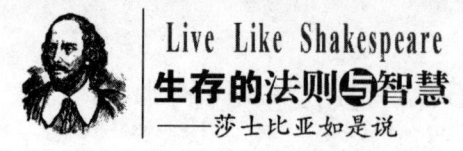

抱怨、不公平的要求和自怜作为操纵自己孩子的手段取代了直接参与丰富多彩的生活，在这种生活中，他们仍然能够发现无穷乐趣。

随着年龄的增大，岁月的磨蚀给我们带来的困难自然不可低估。视力的下降，体力的减弱，这在任何人的生命中都是不可避免的。

尽管这一切损失都是真实的，但我们永远有可能从生活中发现快乐——至少我们能减少这些损失对自己的消极影响。在这样一个特别的时刻，你的精神状态变得特别重要，你的乐观向上的精神状态能战胜任何困难。这时生活的艺术就在于你仍然在拥有的生活里寻找快乐，自怨自怜永远于事无补。

很多人惧怕自己父母变成"老年人"这个时刻的到来。他们惧怕的不是自己父母体力的下降，而是对老年人生活方式的病态看法。也就是说，他们害怕自己的父母会成为一个绝望、孤独、心理负担很重的人。

但是，也有一些人的父母已经八十多岁，可外表上看起来仍然很现代，他们的生活仍然充满无穷乐趣。这些人为他们的父母感到骄傲，他们希望自己的父母永葆青春。事实上，他们是希望自己的父母永远也不要陷入老年人的病态心理之中。

我们都能识别这些句子的背后含义："我的朋友都死光了，我一定也不会活到那么大年纪。""不要给我买这么贵的衣服，一个老年妇女不值得穿这样昂贵的衣服。"

## 老年人的心理是一种习惯，与年龄无关

然而，一个人更严重的问题是，我们上面所提到的病态心理在年轻人中也普遍存在。我们都有这样的经历，当我们与自己的同龄人甚至比我们还年轻的人相处时，他们总是把一种奇怪的悲观情绪留给我们。为什么这些人会使我们绝望，这可能会逃过所有人的眼睛，但是的确有一些人感受到了他们的消极影响，这种影响使我们已有的快乐荡然无存。这些人让我

## 第五章 找准自己的中心
Live Like Shakespeare

们感到生存本身就是毫无意义的。

当你为他们开一剂药方时，你可能使他们认识到他们是如何使你感到悲观无望的。他们自己就与生活中的快乐、希望、乐观无缘相会。他们有一种像老年人一样的病态心理。

在从壮年到老年的转变过程中，心理上的迹象比生理上的迹象过早地显现。实际上，心理上的迹象在一个人二十岁左右时就可以呈现出来。

### 青春的真正根源在你的内心之中

在莎翁的作品中，我们发现有很多精彩的建议，这些建议告诉我们在岁月的流逝之中如何保持心理年轻。

当然，从生理上看，我们要比莎翁时代的同龄人看起来要青春得多，就是与五十年以前的同龄人相比，也是如此。随着时代的发展，社会的进步，我们的衣食住行、饮食起居都取得了显著的进步。我们的营养更丰富，居住条件更好，更注意保养自己的身体，这一切都使我们看起来更年轻。在莎翁的时代，治疗水平低劣得竟然都不能换一个牙齿。莎翁同时代的一个人，他的鼻子被人打得变了形，只好就这么过了一辈子，而今天这种轻微伤害只要一块石膏就可以轻易治好。

然而，就在我们可以幸运地享受青春的今天，却有一种微妙的因素开始决定我们的价值标准。

在今天的社会，人们往往倾向于仅仅传递一种青春的感觉，而且这种趋势愈演愈烈，广为推崇，有时甚至成为一种生计。人们把大量的金钱花在加入健美操班、保持时髦的装饰、参加化装舞会、护理皮肤和头发等事情上——然而，如果你的心理已经变老，这一切都无济于事。

一个和生理健康一样重要的因素，不管你多大年纪都标志着你年轻的因素就是心理年轻。这种年轻——心灵的年轻——并不是生活中的一个浅薄要求。它的确是你的快乐所必需的。心理的年轻暗示着充满希望、持续

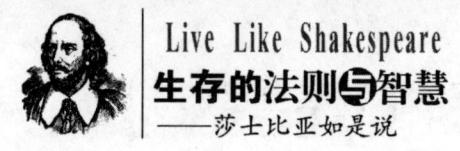

的活力充沛、对生活的热爱和对生活的永恒追求。它意味着对丰厚情谊的渴求和对美好感情的依恋，也正是这种青春的热情促使我们去努力追求，不断探索新的事物。

在我们的心中种下这颗青春的种子，我们就会无往不胜，彻底摆脱自己对年龄的恐惧。人们将会闻风而动，聚集在你的周围，他们喜欢你，因为你性感、热情。他们会被你的青春热情所吸引，甚至不知道是什么在吸引他们，他们会在无意识之中也拥有了你的热情。

如果你拥有了此种形式的青春，你会使他人也感到年轻，充满活力。

### 是否变老，由你选择

当我们接触某人时，我们会做出判断，他给我一种什么样的感觉呢？是让我感到老态龙钟，还是让我感到青春洋溢呢？我们的青春不再的感觉会因其他人而引起，也会因自己业已养成的对变老的恐惧而自然涌上心头。

随着岁月的流逝，我们的身体不可避免地发生变化，这是一个不争的事实，但是我们却没有必要总是想着自己的年龄。

在我们的生活中，总是有这样一些人，当我们发现他们的真实年龄时，会让我们大吃一惊。我们一直认为他们年龄很小，可实际上他们已经过了而立之年。是什么让他/她看起来如此年轻呢？当我们回过头去再看这些人时，我们会意识到与其说他们的长相使他们看起来年轻，不如说是他们热情奔放的生活态度使他们青春永驻。

莎翁关于如何保持青春的建议是基于他对人的本性的深刻研究，这些建议在今天仍然有重要价值。有些建议是直接的，有些则是通过他对很多老年人的深刻观察，从他们的言行所表现出的特定倾向中含蓄地表现出来的。

我们经常会陷入一些有关年龄的习惯中——这些习惯让我们感觉到青

第五章 | 找准自己的中心
Live Like Shakespeare

春已离我们远去——当我们真正看清它时，我们就会抑制这种倾向。如果你能把自己从这些习惯中解放出来，你就一定能让自己看起来比实际年龄要年轻得多。如果你发现任何一种习惯在自身中有成长的迹象，就立刻将它们消灭在萌芽状态。

如果你发现自己的父母，或者是一个老人，正在发展这种品性，那么你有责任做一些力所能及的事情。你可以让这些人相信，生活有无限的可能性，只要我们努力，生活的丰富广远将向我们招手示意。

如果你愿意，那就告诉这个人他的谈论让你心情很郁闷。向他指出听他谈论有关年龄的自悲的话题让你和你的兄弟姐妹或者你的家人感到很扫兴。不管怎样，一定要抑制你自己也感到不愉快这种倾向。

如果你有良好的家庭关系，你的父母也有这种心理紧张，那么你就要做得更多。你可以针锋相对地向他提出，他正在使自己未老先衰，并向他解释为什么会这样。

你可以这样对他说："当你那样谈话时，我很痛苦，我想你也会感到更痛苦，我不愿意看见你通过这种方式使自己未老先衰。"

人们没有必要在成为心理学家之后才互相帮助，克服生活中的各种难题。对于这个问题，也是一样。

**所有人都不要成为李尔王**——这是莎翁关于如何保持青春的建议。

以下是莎翁的十条建议，它告诉你什么该做，什么不该做，如果你想永葆青春的话，这些建议对你是有价值的。你要经常使用这些建议，更重要的是，当你的父母或其他任何人正在把一种青春不再的感觉传染给你时，你要经常记起这些建议，并将它们在自己的生活中付诸实施。

1. **活到老，学到老**

向未知的新事物挑战，永无止境地探索新的领域，这种努力的背后是一种充满活力、乐观向上的生活态度。"我要知道得更多，世界向我提供了无穷的奥秘等待我去探索"，这种想法本身就会使你激情满怀。当哈姆雷特称他的好朋友霍拉旭为"学生伙伴"时，我想他的意思是说在这个世

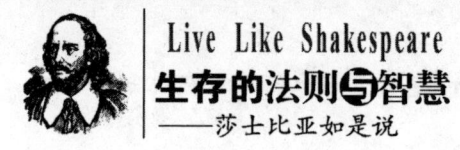

## Live Like Shakespeare
### 生存的法则与智慧
——莎士比亚如是说

界上我们都是学生。学者们无法准确地测定哈姆雷特的年龄——各种年龄的演员都曾扮演哈姆雷特这个角色，有些人已经六十多岁，甚至更大。不管哈姆雷特的年龄多大，在"学生伙伴"（fellow student）这两个词中蕴含着一种青春的热情。

不管是一种职业、一种新的语言还是其他任何东西，只要你投身于对新事物、新生活的追求和探索之中，你就会永远充满青春的激情，生活中的每一天都是新的。

莎翁作品中充满青春激情的人物形象都永远处在不断的学习探索过程中，他们不断有新的发现，不断完成新的事业。相反，戏剧《暴风雨》中的普洛斯彼罗实际年龄可能并不很大，却宣布他将放弃对神秘的外部世界的探索，因为这使他疲于奔命。听到他的宣言，我们会有一种可怕的感觉，他突然之间从青春焕发坠入老态龙钟。

### 2. 不要总是回想过去的辉煌

不要总是向别人宣称自己曾经如何有能力，如何辉煌，或者过去别人认为你如何杰出。

青春不再的感觉往往就因为总是回想过去的辉煌。特别是在年轻人面前，你可能总是情不自禁地向别人讲述自己年轻时的辉煌，然而，这些故事必定与现在毫无关系，甚至是不合时宜。

人们可能对你从前的辉煌在口头上赞不绝口，或者好像对你的故事印象颇深，但你已经通过这些"老人的故事"将自己和其他人区别开来，以后他们将会使你感觉到自己越来越老。

莎翁作品中的一个人物描述了这种错误。

> 我讲话时并不像一个年轻昏聩的人，也不是一个傻子，
> 在年龄赋予的特权之下我自吹自擂，
> 年轻时我做了这一切，现在也还不老，
> 我将做些什么呢？

避免使你自己看起来很老或者感觉很老的最好方式就是杜绝这种形式的夸大其词、自吹自擂，不论你的动机如何。

3. **允许别人打断你的谈话**

这听起来像是一个不必要的建议，但是有一些人当他们年纪比别人大时，往往以年长者自居，认为自己对一切问题都有一个确定不移的答案。他们谈话时喜欢一锤定音，似乎只有自己才是真理的持有者。当我们将这种倾向和没有耐心倾听别人意见的倾向结合起来，一切都会一目了然。

在谈话过程中，人们往往各抒己见，插入别人的谈话是很自然的事。说它是年轻人的习气也好，说它是生活的重要部分也好，或者你愿意就称它为没有礼貌也好，那些不允许自己的话被打断的人往往看起来毫无激情、荒谬可笑。如果你这样做，同样也会让别人有这种感受。

莎翁形象地描述了这种人的荒唐可笑，他说这些人

> 意图将自己穿上一套观念的外衣，
> 智慧、庄重、深刻的自高自大的外衣，
> 他们说，"我是预言者，当我开口说话时，
> 让狗不要叫！"

当然，你有权表达你的观点，讲述你的想法，但如果固执地重复自己的见解则标志着你是一个"老人"。允许加入者不时地打断你的谈话，提出他们的疑问，然后伴随谈话的自然流程，你再回到自己想说的话题中，如果它们仍然很重要的话。

4. **鼓励后进胜过自己并与自己竞争**

不管你的年龄有多大，你都没有必要对任何问题都下定论。一些非常年轻的人在你研究已久的问题上可能比你知道得更多。你的地位并不因此而处在危险之中。如果你仅仅因为年龄大就认为自己高人一等，那么别人就会陷入沉默之中，或许他们真的需要你或者出于礼貌会让你继续讲下

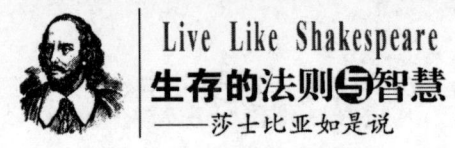
## Live Like Shakespeare
### 生存的法则与智慧
——莎士比亚如是说

去。如同莎翁曾经指出的一样,他们正在"适应审视你的神圣席位"。但在这一过程中,你会显得很老,并且不受人欢迎。你会感觉他们对你的因年龄而产生的自大心存戒心,事实上,这是他们不想要的。

莎翁的作品《皆大欢喜》中的一个人物意识到了存在于老年人心中的与年轻人竞争的倾向,他发誓在自己年老时决不向年轻人屈服。他告诉一个朋友,让他在这样的年纪向年轻人屈服,他宁肯去死。

"我不要活在人世,"他说,

"当我的生命之灯缺少灯油,

那就让年轻人的灵魂去做灯花……"

诚然,这是高度的戏剧化,毕竟莎翁是一个戏剧家。然而,如果我们不以年长者自居,就必须认识到要为其他人的成长留下广阔的空间。当我们欢迎他们时,也在欢迎自己,我们不会感觉这个世界已经离我们远去。

### 5. 不要未经请求就任意提出自己的建议

当一些人年老时,他们往往沉浸在这种习惯中。他们这样做仅仅是为了证明他们的存在,但这种角色会使他们感觉到自己日益衰老。

### 6. 不要用哲学去代替生活——特别是爱

也许你发现爱是一条艰难之路,甚至认为人间根本就没有真爱。你痛下决心再也不会陷入爱之中,或者你已经与自己并不爱的人生活了好多年。不管你的动机如何,你向年轻人提供这种理性的智慧并希望他们以此代替他们的青春热情是毫无助益的。如果你对爱具有罕见的洞察力,那么提供一次足矣,然后就把它扔掉。

即使没有指出姓名,你也一定能猜出下面两个人物哪一个是年轻的,哪一个是年老的。其中一个告诉其他人与他们失落的爱和解。他建议其他人拿起

## 第五章 找准自己的中心
### Live Like Shakespeare

治愈不幸的甘甜的乳汁——哲学
来安慰你的灵魂,虽然你的爱已离你远去。

另外一个人则截然相反,他恰巧是罗密欧,他的回答是

绞死哲学吧!
如果哲学不能造就一个朱丽叶……

为我们的欲望和生命力留下一个空间,允许犯错误。在所有的时代,它们的危害都不是致命的。事实上,你也许会再次获得真爱,正如莎翁作品中的一个人物所说,

人们每时每刻都在死亡,时间之虫
已把他们吃掉,但爱却永在。

不要把与热情相关的问题都用哲学来下定论,特别是有关爱的问题。

### 7. 培育并维持你的艺术和审美追求

对艺术的热爱,比如对绘画、音乐、自然美的热爱会使你青春洋溢。莎翁似乎对自然界中存在的一切大大小小的东西都充满了爱,尤其是对花,他总是充满了神奇的感受。他在作品中详细地描述了花的神奇和美丽。

在生活中发现并拥有美,这种神奇的美感会让你永葆青春。我想这也是莎翁在写《爱的徒劳》时的一个想法。

美确能战胜年龄,像一个新的生命的诞生,
美是生命的支柱,是婴儿的摇篮。

### 8. 建议你:不要抱怨年老

首先,如果你总是喋喋不休地谈起自己已经达到一定的年龄,并且暗

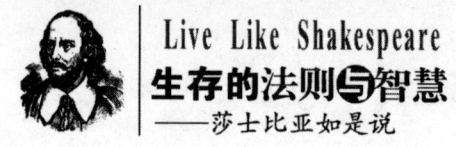

示你是唯一被这个问题所困扰的人，那么你不仅是一个自我陶醉者，而且做了最糟糕的事。它只会使你感到更老，并且把你的注意力都集中在自己有多大年龄这个问题上。

如果你向别人讲述这个问题，比如说你的孩子，他们通常是你的忠实听众。如果他们与你很亲近，则会感觉不得不听你讲述。但是，大多数人都会不愿意听到你的话，他们会尽力躲避你。他们一定想要对你说一些话，也许这些话并不是很有说服力，正如莎翁的戏剧《理查三世》中一个贵族所说的那样：

夫人，少安毋躁，我们所有人都为
希望之星的陨落而恸哭哀叹；
但是这丝毫不能治愈他们的伤害，
夫人，我确实为你的不幸而哭泣。

"为你的不幸而哭泣"这句话的意思似乎是"我希望你能好起来"，但我想莎翁的意思更可能是，"请同情一下我吧，不要再对我讲这些事了"。这是大多数听众的想法。

### 9. 在年轻人面前不要不由自主地将自己的重要性摆在最后

即使是与你们的子女在一起，坚持这一点也是正确的，特别是他们已经长大的时候。不要将自己的一切都奉献出来，比如，如果年轻人能够付得起钱，并且他们也愿意自己付账，你就不要坚持为他们付账。你一定要承认，年轻人也是自私的，如果他们真的如此。

不要让年青一代的奉献意愿把你和他们判然两分，并且让你感觉到自己已经年老无力，这个世界是属于他们的。这样就会使他们平等看待你。你甚至会相信，如果不将自己的全部都给他们，你将不会被他们接受。

这种错误的一个最大的典型就是文学作品中的李尔王，他将自己的王国分给两个女儿，在赋予她们权力的同时也剥夺了自己的一切。李尔王的

## 第五章 找准自己的中心
Live Like Shakespeare

所作所为导致自己的死亡，因为他的两个女儿后来露出了狰狞面目。

接受者总是强调年轻人和老年人之间的差别。它加剧了给予者的这种感觉，"我已经步入老年，再也没用了，我不再需要快乐了。这些快乐只适合青年人去享受"。

一些三十多岁的人就扮演着这样的角色。一个最普通的例子就是一个女人将她的一切都给了比她稍小一点的妹妹，好像她的快乐时光早已离她远去。

《李尔王》中的小丑是莎翁作品中一个机智的人物形象，当李尔王倾其所有，给予他的女儿，一切都为时已晚的时候，他嘲笑李尔王：

> 小丑：……我告诉你为什么蜗牛要有个家。
> 李尔王：为什么？
> 小丑：为什么，因为它把头放进去，而不是把一切都给它的女儿，最终连自己的触角都没地方放。

### 10. 不要总是谈到死

同样，我看到很多年轻人如同老年人一样经常谈论死的问题，虽然老年人谈论得较多。

明显地，这些话是每个人都关心的可怕的经验。我们每个人都难免一死，一想到它就会使我们心情很郁闷。对这个话题的谈论会让那些充满希望、青春洋溢的听众感到心灰意冷，悲观失望。

谁愿意听到普洛斯彼罗在《暴风雨》的结尾所说的充满悲观情绪的话呢？他告诉我们他将要：

> ……然后我要回到我的米兰，
> 在那儿等待着瞑目长眠的一天。

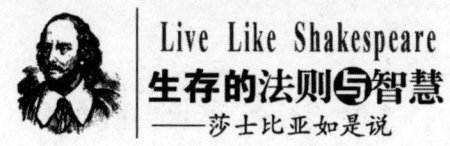

## Live Like Shakespeare
### 生存的法则与智慧
——莎士比亚如是说

顺便提一下,莎翁作品中年纪最大的人物,福斯塔夫,却能始终保持一种罕见的青春的热情。他从来不会沉迷在一种悲观的自怜的可怕情绪中。他始终表现出一种不顾一切的冒险精神。每天太阳刚刚升起,他就会从心底涌出一种奇怪的青春活力。

当有人问他什么时候才能停止永无休止的奋斗和与朋友们的狂饮欢宴时,他拒绝谈论这样扫兴的问题。

　　请静一静。
　　不要告诉我这些死人的头脑里才有的东西,
　　不要强迫我记起我的末日。

莎翁并不反对关于死亡的哲学。他作品中的人物频繁地死亡,他们也经常随意地谈到死亡,但他们并不沉迷于对死亡的冥想之中,唯一的例外大概就是哈姆雷特。他们大多数人在心理上都很年轻,并且非常看重这一点。像福斯塔夫,大概有70岁,却与他们之中最年轻的人一样富于青春的激情。

我们年纪有多大对我们并不重要。莎翁曾经开玩笑说时间是一个秃子,对我们丝毫没有影响。但是我们自我感觉有多大却是至关重要的,我们一定要控制自己,不要让自己的心理变老,莎翁在其作品中为我们提供了很多有价值的建议,为了自身的利益,我们一定要很好地利用这些建议。

第五章 | 找准自己的中心
LIVE LIKE SHAKESPEARE

# 法则二　生活中不需要神秘人

　　故作神秘的人永远是一个"利用者"，如果另一个人能够更好地服侍他，更能投其所好，他们就会抛弃你。不管你是否承认这一点，你终生追随他们都将是一场噩梦，因为他们根本不在乎你的感想，只要求你过多地投入。

　　莎翁的戏剧《安东尼和克莉奥佩特拉》记述了克莉奥佩特拉的最后一段情事，与罗马执政官马克·安东尼的爱情故事。或许大部分是因为莎翁的记述，才使安东尼和克莉奥佩特拉作为历史上最伟大的一对情侣而广为人知。莎翁在创作伟大浪漫的爱情方面的天才是毋庸置疑的，他塑造了许多家喻户晓、妇孺皆知的爱情形象，如罗密欧与朱丽叶等。

　　对莎翁来说，克莉奥佩特拉与安东尼的浪漫情事一定是她一生之中最吸引人、最富感染力的一段，因为他们的爱情总是处在危机四伏之中，并最终以她在39岁时自杀而告终。

　　诚然，克莉奥佩特拉有一段热情奔放、放荡不羁的情史。莎翁仅仅提取她作为埃及女王的这段历史来呈现她。她是一个美丽、富有、大权在握的女人，并且特别精于利用自己的富有去捕捉每一个潜在的追求者。

　　莎翁笔下的克莉奥佩特拉是一个性感的聪明人，能够利用自己的迷人身段去捕获任何男人，并且让他们始终对她忠贞不渝。她在如何激起一个男人的情欲并让他们甘心拜倒在她的脚下方面受过良好的训练。

　　莎翁描写克莉奥佩特拉的自我包装术具有近乎神奇的魔力，好像只要

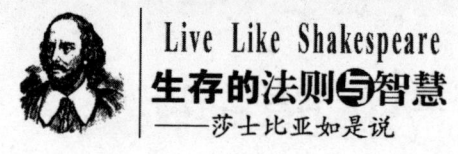
# Live Like Shakespeare
## 生存的法则与智慧
—— 莎士比亚如是说

她愿意,就能永远魅力十足,艳光四射。

在一个著名的段落中,他借助某个人物的口说:

> 年龄不会使她衰老,
> 习惯也腐蚀不了她的变化无穷的伎俩。

克莉奥佩特拉简直就是一个女巫。

莎翁本人似乎也对她近乎迷恋,多少个世纪已经过去,数个作家都曾描述过她,仍将她视为完美的象征。

### 克莉奥佩特拉的秘密

然而,最近对克莉奥佩特拉究竟相貌如何的描述多了起来。现代的零星评论和她的一些肖像表明,克莉奥佩特拉实际上是一个非常普通的人,她相貌粗俗,身体也不是很结实。总之,她无法和泰勒相媲美,这是毋庸置疑的。

然而,最近一些学者同样告诉我们,克莉奥佩特拉可能拥有令人惊奇的高明的化妆技术,还有一些神奇的装饰品,如金饰针织服装,钻刻头饰,异域的羽饰。如我们今天所知道的,克莉奥佩特拉还专门为自己创造了各种讨人喜欢的装饰品,这使她在任何时候都独放异彩,艳压群芳。

克莉奥佩特拉创造的这种神奇的身体魅力,再加上一种更为复杂的精神的奥秘,使她在男人面前永远是战无不胜的。用莎翁的话来说,这是人类本性所能达到的极致。

莎翁明了克莉奥佩特拉的爱情并不是单纯的一种感情投入,对她来说,也是她作为埃及女王的职责所在,她利用爱情来保护自己的王位。

克莉奥佩特拉的父亲把王位传给她,可她当时年纪尚小,于是被自己哥哥的卫兵放逐了。当恺撒追赶罗马的敌人来到埃及时,她正努力寻求夺

## 第五章 找准自己的中心
Live Like Shakespeare

回自己的王位的方法。恺撒的到来让她看到了从世界上最伟大的执政官那里谋求帮助的机会，她通过诱惑恺撒达到了自己的目的。她为恺撒生了一个儿子，并保持他们的关系，一直到恺撒在罗马被暗杀。

当马克·安东尼这个恺撒的继任者传唤她来到他面前时，克莉奥佩特拉很快又诱惑他陷入自己的情网之中。

在以后的生命中，她时时刻刻保持着安东尼对她的爱，并让他为此而疲于奔命。她诱惑他抛弃了自己的妻子——奥克泰维娅——罗马最有权势的人物的妹妹，同样也抛弃了罗马而来到她的身边。为了克莉奥佩特拉，安东尼在罗马名誉扫地，成为一个笑柄，并且陷入了一场反对罗马和克莉奥佩特拉的斗争之中，他很快遭遇了与克莉奥佩特拉时代的恺撒同样的命运。

当安东尼在一场重要的海战中明显就要失败时，克莉奥佩特拉带着自己的60艘战船弃他而去。安东尼不仅没有返回罗马，反而跟随着她。当听到她已经自杀的错误消息以后，安东尼伏剑自杀。在最后的时刻，他被送到克莉奥佩特拉的面前，并在她的怀中咽下最后一口气。

克莉奥佩特拉最后传话给奥泰维斯，表示愿意以身相许。然而，她终于遇到一个对她的美丽无动于衷的人，这时她终于无路可走。在莎翁的作品中，她让一只毒蛇咬断了自己的咽喉，就这样她结束了自己的一生，然而并未结束她的神奇的魅力。

### 克莉奥佩特拉的心理奥妙

克莉奥佩特拉的奇妙心理，正如莎翁所描述的那样，特别让人难忘。正是这种根基深厚的心理操纵术让她的爱人丧失了心理平衡。

开始时她如醉如痴地爱上了安东尼，但是不久她就代之以冷言相对。她巧妙地处理自己的情绪，显得反复无常，三心二意。看起来是那么不可捉摸，无法控制。通过不时地给他们的关系带来点风风雨雨，她把一种紧

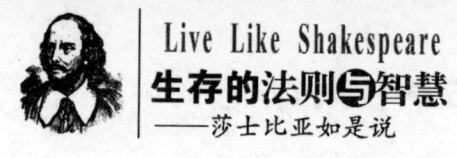

张、焦虑、不确定性带给了他,并让他不断地对她的爱产生误解。

随着剧情的发展,克莉奥佩特拉不仅没有分享安东尼的经验,反而使自己比安东尼所做的一切都重要。她要求安东尼给她更多的关注,甚至把全部精力都放在她身上,不管安东尼正在做什么。她暗示如果安东尼不给她更多关注的话,她将拒绝他的爱。她故作冷淡疏远之态,即使自己近在咫尺,好像也很难接近。她传递一种信息,她已经不再喜欢他了。

通过这些手段,克莉奥佩特拉使安东尼痛苦万分,使他始终处在一种热情与紧张交织的焦虑状态之中。

在某一个场合,当安东尼离开她去处理罗马的紧急事务时,她派自己的一个使者去找他。开始,她告诉这个信使不要暴露自己是她派遣的,这样会显示自己一方过于热情,从而减轻安东尼对正在失去她的焦虑。然后她告诉使者:

> 瞧瞧他在什么地方,跟什么人在一起,
> 在干些什么。要是你发现他很悲伤,
> 就说我在跳舞;要是他样子很高兴,
> 就对他说我突然病了。

多么高明的心理操纵术!

安东尼有时也意识到她在和自己玩心理战。他曾经告诉他的一个朋友:

> 她的狡狯简直是不可思议。

但这并不能把他从自己的迷恋中拉出来。

现代也很少有人能够抗拒克莉奥佩特拉的高明的心理操纵术,但是很多人都在努力。

## 第五章 找准自己的中心
Live Like Shakespeare

今天，与外表的光鲜结合在一起的身体操纵术很容易获得，一个人只要带着一个盛满化妆品和香水的小小的包装盒就可以轻而易举地达到这个目的，更不用说很多人所热衷的整容术了。但是，在奇妙的心理操纵术面前，这种身体操纵术已经降到了次要的地位。那些像克莉奥佩特拉一样精于心理操纵术的人们，往往乐于使用这种心理手段，而较少依靠外表的浮华去控制他人。

### 神秘人的特征

那些主要依靠奇妙的心理去控制他人的人往往在内心深处充满了不安全感，但是他们外表上总是信心十足，光芒四射。

这些人往往容貌出众，这给他们一种感觉，就是他们能让任何人陷入他们的情网，并为他们服务。

他们总是在自己周围聚拢一些不知名的，但却为他们的容貌所倾倒的人。

他们从来不与他人建立过于深厚的友情；他们从不充分地展露自己。他们的很多朋友在他们面前仅仅是一种摆设，另外一些人则事先准备好向他们提供一些力所能及的服务。

这种神秘人倾向于不看重任何东西，特别是对合乎道德的东西尤其不屑一顾。

他们制造自我神秘的唯一目的是为了产生一种效果，去控制别人，控制爱人或者潜在的追求者，使这些人除了自己的欲望和需要以外，在一切事情上都变得盲目。

这种神秘色彩的半职业化的用途与那些心理健康、有能力去爱的人所努力创造的浪漫氛围没有丝毫的关联。它不是那种安排一个烛光晚会或者与所爱的人玩一个浪漫的游戏，或者为了你的爱人的生日把房间装饰得充满神秘氛围。这是一种完全相反的生活类型，它被利用来为罪恶的目的服

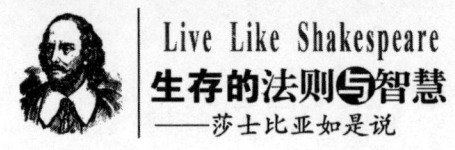

务。男人和女人都很容易成为这种神秘的人。

这种神秘的人身上有一种同情和冷酷的奇妙的组合。他们的触角相当灵敏，对你什么时候不高兴、什么时候将要离弃他极度敏感。

他们会在必要的时候采取行动以便使你始终在他们的掌握之中。如果你决意断绝和他们的来往，他们会突然变得友好并且能够记起有关你的一切细节。他们会利用柔情去感化你，让你感到内疚。但是不要傻了，这种同情绝对不是真正的关心你。

### 制造神秘的四种手段

#### 1. 冷淡的神秘

那些利用冷淡、疏远来表现神秘的人往往精于此道，并且将它利用得神乎其神，惟妙惟肖，让你根本无法察觉。他们总是含糊地表示自己厌恶这个世界，或者当你希望他们表现热情和激动的时候，他们无动于衷。他们好像是在说，"我知道是怎么回事，你不要总是大惊小怪。""我已经去过那些好的地方，也知道那些杰出之人。""我刚刚访问了贫民区，我猜想你也会去那儿。"

长相出众的人经常利用这种手段。他们从自己的经验中得知自己的容貌会使他们无往而不胜，他们唯恐自己不小心说了什么错话或者表现得过于热情而使自己的容颜黯然失色。

但是其他人也使用这种伎俩，包括那些容貌并不出众的人。他们利用自己的冷淡、无反应来使自己免受拒绝。

这种冷淡的神秘的整个焦点就在于人为地创造一种状态，在这种状态之中，其他人总是疲于奔命保持着和你的关系，并且始终承受着关系破灭的危险。

其他人面对着这个冷淡的上帝，永远感觉到自己说得太多，总是处于一种尴尬的境地，生活里总是一团混乱。

## 第五章 找准自己的中心
Live Like Shakespeare

但是这种冷淡的神秘的实施者总是能够敏锐地意识到谁对他打招呼，并且有多么频繁。如果你在大街上偶然遇到这样一个人，你的问候总是显得过于热情。

我做过一个实验，一个自高中起就认识的小伙子，他的长相并不是很迷人。没有人喜欢他，因为他给予得太少。我们在一个"十五子游戏俱乐部"里经常碰面，因为我们都是这个俱乐部的会员。每次见到他时，我总是首先向他问候，经过一段时间以后，我意识到他的问候语总是比我的要轻，总是并不经意地说："嘿，老李。"

再一次见面的时候，我故意降低了自己的音调，他的回答也就更低。以后的几次会面中我将自己的问候降低到了窃窃私语，最后干脆就点一下头而已。我最终证实，他总是让自己的回答低于我的热情。在我的实验就要结束的时候，他对我的点头示意干脆就扭头不予理睬。这时我们之间已经什么关系也没有了。

冷淡经常是那些头脑里空空如也的人的最后一种自卫手段，为了不暴露他们的苍白无力，他们倾向于保持沉默，看起来高深莫测，以便让其他人高估他们。

我们之中很多人都想深入地了解这些冷淡之人的内心世界，意欲发现他们的庐山真面目，但是了解真空是很难的。

**2. 贫乏的价值**

有些人分配他们的时间如同分配珠宝一样——他们通过贫乏来保持他们的价值。

他们感到如果自己很难被得到，就会无形中增加他们的价值。

例如，一个人拒绝性的要求，拒绝和你共度一段时间，或者对他如何度过假期的计划秘而不宣，其结果就是当他突然之间可以自由地与你做爱，将时间慷慨地分配给你，你会感觉自己好像幸运地中了头奖一样。

这些人总是过迟地给你回话，并且经常是莫名其妙地很忙。结婚而与别人私通的人特别精于此道，他们倾向于使用这种贫乏的价值。他们会向

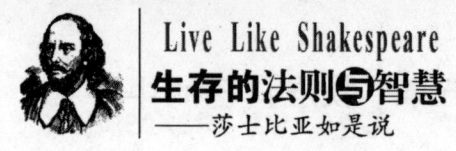

Live Like Shakespeare
生存的法则与智慧
——莎士比亚如是说

你暗示，他们的生命中没有你也一样重要，一样充实。如果你正在与这样一个人私通，你易于产生一种低人一等的感觉，只有当你发现他将这种伎俩同样用在他的配偶身上时，你才会恍然大悟。

那些将自己的价值和感染力建立在贫乏基础之上的人，如同表现冷淡的人一样，总是将自己置于一个非常优越的位置，一个比你要强得多的位置。他们会经常暗示自己有一大堆朋友，但因为某种不明不白的原因你是无缘和这些朋友会面的。他会将一年中某个特定的重要日子与这些特殊的人物分享，而你却无缘与他们分享这个神圣的日子。"我总是和我的老朋友凯恩共度圣诞节。她是一个出色的可人儿，如果我带其他人一起去她会不高兴的。"

3. 灌输嫉妒

对自己极端没有自信的人经常使用这种手段。他们利用各种各样不同的方式来达到这个效果。他们会无限地夸大自己的重要性和吸引力，将自己视为众人瞩目的目标，好像自己是一场竞标大战的拍卖品一样。他们会暗示，你能够与他们在一起是非常幸运的。他们会调情、卖俏，甚至以身相许，或者仅仅暗示其他人在疯狂地追求他们。

他们会经常让你置身于与他的前任情人或伙伴相互竞争的境地，向你灌输一种被称之为"身后的嫉妒"的感觉。

我们都深知这种感受。

4. 无法预见的神秘

这种神秘之人往往以一种年轻、自由、无拘无束的姿态出现在你的面前。他们表现得好像摆脱了任何负担，摆脱了那些像你一样愚蠢的人认为的生活中自然存在的一切负担——守时、理智、负责、信守诺言，等等。

这种类型的人经常很潇洒，魅力十足，只有当你对他着迷以后，才会发现他的不负责任。在这些人身上有太多的欲望，他们不想让你过于心理失衡。

他们玩弄一个永恒的神话，那就是：真正的天才是永远无法预料和神

## 第五章 找准自己的中心
### Live Like Shakespeare

秘莫测的，你根本不会知道一个真正高水平的人将会做些什么。

这些人经常利用画家的名声来自我标榜，但他们缺少一个真正画家的天才和奉献精神。很多真正伟大的画家都具有高度的纪律性，并且是做事负责的人。

对心理神秘的依赖错在哪里呢？

利用这种心理神秘的人无意识之中正在做一笔交易——"我愿意用幻觉来交换现实，因为我的现实不足以激起别人对我的关注，也无法维持我们的关系。"

利用神秘感总是意味着承认自己不能吸引爱人并维持爱情。

这是一种人为的手段，你利用它在流沙上建立起一种关系，心理越神秘，流沙就越深。

心理神秘总是事与愿违。

你让别人在心里产生欲望了吗？答案经常是肯定的。

你约束别人和你保持一定日期的关系了吗？答案也是肯定的。

但是伴随着你所激起的欲望和迷恋，你就在别人心中播下了怨恨的种子，别人会产生一种炽烈的热情，一种下意识的愤怒。

即使那些对你一心向往的受你约束的人也正在学会忌恨你。

你正在做的一切都是荒唐的，即使其他人宣誓对你的爱始终不渝，他也会无意中感到自己是不公平对待的牺牲品。也许他们并不承认这一点，但事实的确如此。

你的爱人可能在内心中已经对你设防了。

通常是他的朋友们首先意识到你的所作所为。他们会警告你的爱人对你有所防备。你的爱人可能转向他们并对你设防。那些曾经被你的神秘所吸引并疯狂追求你的人，在意识到自己的愚蠢之后，会坚定地反对你。

不要再傻了，你的爱人正在做的每一个牺牲以及你的每一次成功，正在无意识地在他的胸中积累，终有一天会爆发出来。

在某种情况下，他可能表现得很平静。你的爱人可能要经历很长时间

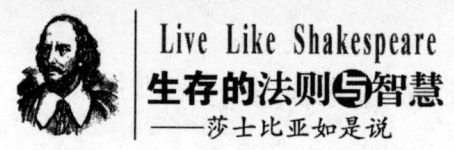

才能鼓起勇气走出你的阴影，或者背着你和其他人寻欢作乐。

利用神秘感还有一个危险，就是你可能被一个公开的、诚实的、勇往直前的对手所打败。

神秘只有在缺乏交流的土壤上才能茁壮成长。在神秘的外衣遮盖之下的关系必然存在一个不信任的空间，为其他人的进入大开方便之门。

有些人可能与你的爱人交往甚密，他们可能并不像你一样迷人，但却赞赏你的爱人并能博得他的欢心。在他们的鼓励和支持之下，你的爱人可能移情于他们。为什么在有人可以给他带来快乐的时候，他一定要奴颜婢膝地顺从你呢？为什么他可以生活得完美而偏要满足于支离破碎的生活呢？

当他生活在你的符咒之下时，他相信自己的生活并不完美。现在有人向他指出这完全是一个谎言，而你正是这个谎言的制造者。

他会感到无比的愤怒，并一定会痛下决心永远地离开你。如果你得到了你想要的并脱下自己的"神秘"外衣，那会发生什么呢？如果你一直利用自己的神秘心理去"捕获"一个特定的人，现在你认为自己已经得到了他的爱，于是便脱下这层外衣。你可能不再要求他处心积虑地赢得你的欢心。你宣布自己对他的爱，成为一个可以随传随到的人，他不必费尽心思去讨你的欢心。

听起来多么美妙。但是你突然之间的顺从使他获得了解放，他不再努力去讨别人的欢心而使自己的爱情有了坚实的根基。他会回想从前，你每一次使他承受的对性爱的拒绝，你的每一次故作冷淡的伎俩都会使他痛苦万分，他一定会以其人之道还治其人之身，并且将你的惯常伎俩发挥到极致。他过去一直生活在痛苦之中，现在轮到你了。

最后一种方案一定是最糟糕的，因为它永无止境。

你也许感到为了使你的爱人永远对你忠贞不渝，必须在一生之中保持自己的神秘。既然心理的神秘从根本上说永远是一个谎言，那么这对你来说就是一个令人难以想象的陷阱。你会感到孤独无依，如同处在一个荒凉的小岛上。你会感到一种强大的压力,因为你不得不发明各种新的游戏来保持自己的神奇魅力以便留住你的爱人。

有一些故作神秘之人终生玩弄一种把戏。当他们年轻的时候就向喜欢自己的人做出暗示,却总是冷淡地对待他。他们不仅自己感到痛苦万分,而且使他们的爱人也深受其害。他们唯恐一旦自己表现出真实的爱,他们的关系立刻会土崩瓦解,他们的爱人也会对他们恨之入骨。

## 如果你被神秘的人所吸引

沉迷在这样的关系中不能自拔,对你将是一场噩梦。你的爱情关系将充满羞耻和痛苦。

一般来说,使用这种伎俩的人的目的就是永远让你感到自己的不足。没有一种关系比一个故作神秘的人和为了追求他而疲于奔命的人之间的关系更加失衡的了。

故作神秘的人永远是一个"利用者",如果另一个人能够更好地服侍他,更能投其所好,他们就会抛弃你。不管你是否承认这一点,你终生追随他们将是一场噩梦,因为他们根本不在乎你的感想,只要求你过多地投入。

## 打破符咒

### 1. 试着和善待你的人交往

敞开心扉去接受新的感情,如果你遇到一个合格的充满魅力的人,不要仅仅因为他喜欢你就把他作为一个失落者而一笔勾销,千万要抑制这种冲动。要学会与善待你的人共同生活,并深入体会自己在接受它时的窘迫。

那些在童年时就受到父母一方或双方虐待的人特别脆弱,他们往往无

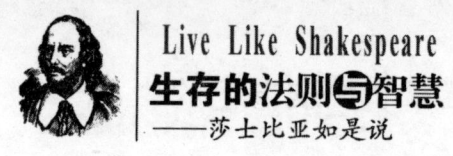

法抑制故作神秘之人的诱惑。他们无意识之中仍在重复自己童年时的努力，去努力摆脱父母的虐待。他们似乎已经习惯于被忽视，而且感觉很舒坦，因为这是他们唯一感受到的氛围。

### 2. 在你的头脑中设立一条界限

对你来说你能在多大程度上承受被人忽视的感觉，或者这种故作神秘的游戏你能忍受多久。假设这个人一个月中不改变他的行为方式，你尚能忍受，那一年呢？五年呢？你还能忍受吗？假设他从来不会主动向你表示亲热，你能在这种冷酷中生活一辈子吗？你值得这样去做吗？

写一本日记以便让自己看清已经在痛苦之中煎熬了多久。每天都要记下这种关系是否超越了自己能忍受的最低标准。记下有多少次他努力地让你产生嫉妒心理，多少次他向你提起其他人是多么富有感染力，多少次他忘记了和你的约会。

通过这种方式，你起码可以为自己设立一个不可打破的最后期限。超过了这个期限，你就会从内心深处感到无法忍受这种痛苦的折磨，特别是来自一个爱人的折磨。

### 3. 不要为他人寻找借口

千万不要为那些虐待你的人寻找借口。他们可能曾受过类似的虐待，可能有一个可怕的童年，可能没有受到足够的爱护，也可能不理解自己正在做什么，这一切都不足以成为他们施虐的借口。

一定向他们讲明自己的立场。如果他们不理解你的立场，那是因为他们不关心你，根本就没把你放在心上。

### 4. 如果你是一个充满青春活力、有竞争力的人，那就永远保持这种品质

你不让自己的爱人离开你或许是因为你已经付出了太多的时间和精力，已经作出了太多的妥协。万一你们的关系破裂，你的爱人似乎从你身上占了便宜，而你先前的一切努力都白费了。

这是一种赌徒式的愚蠢心理。每一天都会有它自身的价值。如果你从现在开始行动，一年以后你就会找回自己的生活，重新拥有自己的生命。

## 第五章 找准自己的中心
### Live Like Shakespeare

5. 列一份有关他的优秀品质的清单,并意识到不管这些优秀的品质是什么,你都大大地高估了它们,因为这是他妄自尊大的结果

你也正在和你的爱人玩着同样的神秘游戏吗?比如说显得不可接近或者让他感到嫉妒。

如果你接受并采用了这种策略,那么当他向你施展他的伎俩时,你会更容易受到伤害。

6. 你一定要洁身自好,行止有方

你要认识到,这种策略是禁止使用的,它是孩子的把戏。这样当他玩弄这种把戏时,你会心如明镜,马上识破他的伎俩并努力抑制危害。你会很容易走出他神秘的阴影。

7. 将他置于别人的位置,你会更加明了他的行为

如果你从未使用过心理神秘这种策略,恐怕很难理解其他人——特别是你的爱人会如何使用它。

你可以扪心自问,"如果我故意拖延两天再给他或其他任何朋友回电话,那我会有什么感受呢?"或者"我总是提起自己的潜在追求者或对自己感兴趣的人吗"?答案可能是你根本不会这么做。如果你这样去做,那岂不成了误入歧途的操纵者。仔细一想,你会发现原来他才是这样的人。

8. 你一定要意识到,一个故作神秘的人可以在任何时候乘你不备利用你,那将是你的末日

宁可这件事现在发生,而不要忍受经年的痛苦,甚至深陷其中不能自拔。

9. 过你自己的生活

不要钦佩故作神秘之人的策略并去仿效他们。不要随意取消和朋友的约会,不要在电话旁苦苦等待。

意识到如果你们真的断绝了来往,提出这种要求对他是最难的。你可能比他更容易提出断绝你们的关系。事实上,如果你真的提出了,他会努力去挽回。但这又不会持续很久,他很快就会反戈一击,占据主动,好像

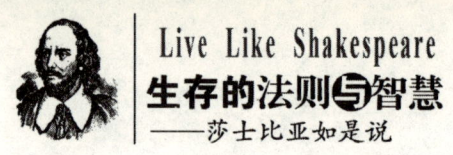

是自己首先提出断绝关系的。

10. 你要庆幸自己不是一个故作神秘的人,你对真爱的追求比这要强百倍

很多人只能在他们深受故作神秘的人的恶劣对待以后,才能意识到真爱的可贵。他们被故作神秘的人开发出来的宽宏气度现在成了他们最宝贵的财富。他们生活在快乐、幸福之中。而他们的前任爱人仍然苦心经营着自己的神秘外衣,没有了真爱,没有任何东西可以持久。

第五章 | 找准自己的中心
Live Like Shakespeare

## 法则三　要经得起抬举

　　荣誉和坚忍不拔的精神会使我们的生活具有更深的意义，即使我们会丧失许多外部的东西。
　　很多东西都是不完美的，太多的东西需要去发现和创造，一个人对爱和工作要承担更大的责任，没有人可以替代你自己的生活。

　　在一个乡村教堂的外面，斯赖——一个蓬头乱发、酒气冲天的乞丐理直气壮地告诉女主人，他不会为他喝的酒付钱。女主人勃然大怒，于是他们吵了起来，最后女主人只好去寻求警察的帮助。而斯赖则若无其事地徘徊街头并被什么东西绊倒，在昏冷的夜色之中很快就进入了梦乡。
　　正当斯赖在弄堂之外沉沉入睡的时候，一个打猎归来的贵族和他的随从们偶然目睹他毫无生气的外形。他们都被他肮脏恶臭、令人恶心的外表所吸引，并将他视为一个奇特的娱乐对象。他们决定捉弄他一番。这个贵族命令他的随从们将斯赖抬到他的庄园，小心翼翼地不要将他弄醒。"他们想要将斯赖放在贵族的床上，等他醒来时就告诉他，他是真正的贵族，他们都是为他服务的仆役。"
　　他们决定，如果斯赖辩驳的话，他们就告诉他经过一段漫长的疾病以后他就一直语无伦次地大喊自己是一个没用的酒鬼，值得庆幸的是现在他已经恢复了知觉。

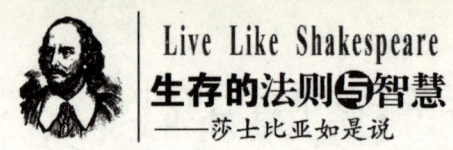

# Live Like Shakespeare
## 生存的法则与智慧
——莎士比亚如是说

> 他会怎么想呢？让我们把他抬回去
> 放在床上，给他穿上好看的衣服，
> 在他的手上戴上闪光的戒指，
> 床边摆好一桌丰盛的酒食，
> 穿着齐整的仆人伺候着他。
> 等他醒来时，这个叫花子是不是会忘了自己？

这不仅仅是一个玩笑，这是对一个普通人是如何容易上当的一次考验。一个乞丐能否真的相信自己是一个贵族呢？

过了一会，斯赖从酒后沉睡中醒来。在他眼前呈现的是挂满风流画的墙壁，浓郁的香水的芬芳，壁炉里芳香的檀香。还有人用温暖的玫瑰水给他洗头，一群下等仆人侍立左右，满怀希望地注视着他。当他开口说话时，他们都为他的"苏醒"而大声欢呼。

开始，斯赖还争辩说自己是一个乞丐，而不是他们的主人，但是他们众口一词地告诉他，他已经在这样的梦中沉睡了好多年，并且总是喋喋不休地胡言乱语。

令他们感到吃惊的是，斯赖几乎不再反驳他们了。经过轻微的反驳以后，他非常乐于接受他们对自己的描述，好像完全忘记了自己以前的身份，而且做起事来也好像自己的贵族地位和至高无上是毫无疑问的。

很快地，斯赖开始向贵族和他的随从们发号施令了。他们对他如此神速地确认了自己新的角色感到震惊不已。他们之中没有人期望这个恶作剧会闹到这种程度。

由此开始了莎翁的喜剧《驯悍记》。这个戏剧，就我们能够看到的斯赖来说，应该是一个喜剧，因为斯赖经过这样一番严峻的考验之后的确需要轻松一下。

有趣的是，这段戏演过之后，莎翁就再也没让斯赖在戏剧中出现，他让剧场中的观众留着一个悬念回到了家里。

## 第五章　找准自己的中心
Live Like Shakespeare

我们从没看见这个乞丐醒悟过来，看清自己的真实身份。我们只能想象斯赖经过他们一番兴高采烈的嘲弄之后被抛回到冰冷的现实世界中。经过这一幕戏以后，斯赖就永远地消失了。

莎翁没有告诉我们以后发生在斯赖身上的事并不符合他的风格。那些为莎翁的完美辩护的人认为这种疏忽并不是莎翁的过错，而是印刷者的过错。也许有一个印刷过程的中断而将以后的情节遗漏了。

有些时候，这种失败是这样的显眼，以至于有些人干脆就把这段剧情删掉了。

但也有人认为，斯赖这个人是这样地令人生厌，我们很高兴他在开场以后就消失了。

斯赖在戏剧中被塑造成一个喜剧人物，但实际上他的问题非常严重。斯赖完全从外部因素来确认个人身份与地位的综合征是一种可怕的心理状态，不幸的是，这种综合征在现代社会非常流行。

许多人在定义自己时不是通过他们的个人品质，而是通过在别人眼中自己有多少财产，自己的地位有多高。他们不把自己看成是有思想、有感情的人，而是通过各种外在的东西来判断自己的价值，比如说他们的官职有多高，他们的职业有多高尚，他们能付得起多少邻人付不起的额外的东西，等等。

在戏剧中，贵族的随从们本来以为让斯赖相信自己原来就是地位显赫的贵族并不是很容易，然而斯赖很快就心安理得地接受了这个角色。好像自己从来就没有先前卑微的历史，这的确出乎这些随从们的想象。斯赖如此容易的转变需要一种和精神病相近的心理空虚，一种对过去一切东西的背叛，但斯赖恰恰符合这些标准。

### 自恋者的幻觉

自莎翁的时代以来，完全依赖外部条件来确认自己身份的病症已经变

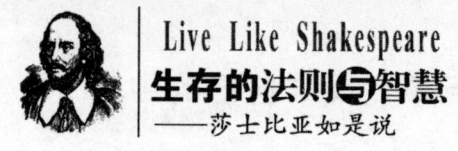

得越来越流行。

在莎翁当时所在的英格兰,人们很少有机会去从根本上改善他们的外部条件。一个像斯赖这样的人之所以能够作为一个特别的蠢货显出来,那是因为他梦想着自己能够在一夜之间从乞丐变为富翁。然而,今天人们通过努力工作,事实上可以大幅度地提高他们的身份地位,甚至从乞丐一跃而成为富翁。

我们现代民主的一个明显的优点是成千上万的人都有机会通过自己的努力提高自己的生活条件。但是,这种民主也有坏的一面,那就是它使越来越多的人乐于以他们的社会地位来判断自己的内在价值。

很多人通过他们的外在成功来确认自己的身份地位。这些人已经完全丧失了内在的生活支柱。

显然,我们之中很多人仍然坚持内在的标准,坚持着一种审美的追求、一个目的、一个所爱的东西或者一个目标。然而,伴随着人类的潜力在所有领域的发挥,自然地产生了一种不幸的副产品,一种通过外部条件判断自己价值的倾向,这些外部条件有金钱、服装、财产等。这就是斯赖综合征。

成千上万的人过高地估计了财产和其他外部条件对我们的价值,将这些东西视为幸福所系,生命中的唯一追求。

因此,斯赖是现代自恋者的一个缩影。他们自我陶醉的原因是缺乏一种内在的价值标准,他们对目标、责任、爱,这些人生中重要的价值弃如敝屣,而对各种外在的东西趋之若鹜。

自恋者总是为他人而生活,因为他们总是需要他人去羡慕他。对自恋者来说,其他人仅仅是赞扬的提供者。除此之外,他们没有任何价值。如果他们停止提供赞扬,自恋者就会与他们一刀两断。

我们在斯赖身上看到的这种自我重要性的无限膨胀,这种为了自己的虚荣而宁可相信一切的意愿,在自恋者的身上会淋漓尽致地表现出来,而且永无止境。莎翁的观众即使并不知道"自恋者"这个字眼,也一定能够

# 第五章 找准自己的中心
## Live Like Shakespeare

识别像斯赖一样的人。对他们来说，斯赖是盲目虚荣的人的一个代表。

### 现代斯赖

有趣的是，现代的观众可能很少倾向于认为斯赖的表现是一种病态，因为这种情况现在非常流行。

今天，斯赖式的人物经常是一些成功者，大笔遗产的继承人，婚姻状况很好的人，声名鹊起的人或者是地位显著的人。你越是自恋，就越容易丧失自己的本性，越容易通过外部条件判断自己的价值。

如果你有斯赖的特征，那么这不仅对你自己是危险的，对别人也是危险的。

你会希望某个特定的人把他自己看得比你地位低下，正如一个自命不凡的国王想象自己有比别人更高贵的血统一样。

如果你有这样的问题，你会很容易忘记自己的过去。你会根据别人的身份地位对待他们。你会对一个服务员或门卫粗鲁无礼，恶言相向。你在接受任何东西的时候都会首先考虑与你的社会地位是否相符。

如果你粗鲁无礼地对待你自认为比你地位低的人，如果你根据社会地位而歧视某些人，那么你也会时常感到自己是第二流的。

那些没有灵魂的人会深深感染斯赖综合征。他们没有真正的自爱，没有诚实的自我评价。他们饥不择食地捕捉每一个机会，然而事实将他们的本相暴露无遗。他们对权力的欲望是无限的，因为他们从来都不知道自己是谁。当他们被允许成为一个互助社会群体中的一员，他们会本能地强调自己的特殊性，并且总是对别人落井下石。

### 治愈斯赖综合征

通过你如何对待生活中最不重要的人物来判断自己是否患有斯赖综

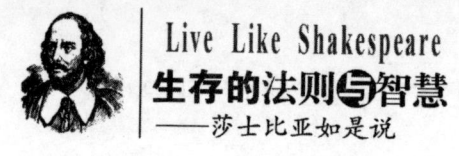

合征。

修身养性，提高你的精神境界的最好方式就是将自己看得和其他人一样强有力，平等地对待每一个人，尊重每一个人，即使你不同意他们的观念甚至决意不和他们往来。

伴随着这种内在精神的指导，你会每天都获得各种有形的回报。如果你彬彬有礼、恭敬有加地对待一个老板的秘书，那么这个老板也会对你很好。

另外，你也不必随时都要做出无数特别的决定。你为什么要将值得善意对待和不值得善意对待的人作出区分呢？最简便的方式就是放弃这种区分。

精神的健康需要你为某种稳定而远大的目标奋斗。这不仅仅需要一个理想，而且需要长期地、有意识地为这些理想而奋斗。

如果你想获得真正的心理平衡，就不要背叛自己的过去，也不要为了登上某个台阶而背叛自己的信仰，偏离自己的价值理想，这无异于心理自杀，不论你由此获得的外部利益有多大。

正如当一个人在恋爱时给他替换一个爱人他不会满意一样，一个有坚定的信仰的人如果放弃了这种信仰，他会感到深深的失落。

我们之中有些人为自己的朋友或者爱人的缺点感到震惊，因为他们为了向上爬而不惜用自己的灵魂去交换。在这种情况下，就是斯赖综合征发挥了作用。

为了让你的生活过得有意义，你必须不断地取得进步。正是这种永不完美的感觉证实了我们的生活是有意义的。我们都在努力生活得更好，成为一个更完美的人。

如果你不将自己的生活扎根于某种内在价值，并不断地努力去实现这个价值，那么你身外的一切都不会让你长期感到幸福。

### 矢志不移

斯赖的轻易转变证明他的生活是毫无意义的。即使他被允许继续做庄

## 第五章 找准自己的中心
### Live Like Shakespeare

园的贵族，不久也会感到空虚，他会对他所拥有的一切感到腻烦、厌倦，他会开始希望得到更多。这些都是必定会发生的。

斯赖是一个蠢人。从恶作剧开始上演的时候，观众们就感到他会得到应有的惩罚。当他被抛回到大街上，他会感到加倍的痛苦，因为他会想象自己曾经富贵豪奢，应有尽有，而现在一夜之间都化为乌有。

在现代社会，并不是所有的斯赖都会受到惩罚。你要从远处识破他们，认清他们究竟是什么样的人。你一定要坚定自己的信仰，不要让自己丧失了自我。

一个明星演员感染了斯赖综合征，完全丧失了自我价值，他甚至毫不犹豫地将自己的性病传染给了与自己同居的女友。

另外一个演员比前一个更显赫，可丝毫没有丧失他的人性。他悉心呵护着自己的灵魂，关爱着自己接触的每一个人，铭记着自己过去的贫苦。他为每个受到伤害和羞辱的人感到痛苦。他没有一刻曾经自以为是一个庄园的贵族，也从不认为自己比那些向自己鞠躬作揖的仆人高贵。他总是平等地对待每个人。

为了和斯赖相区别，我们应该经常在生活中培养一些目标，并且为自己和他人承担责任。

荣誉和坚忍不拔的精神会使我们的生活具有更深的意义，即使我们会丧失许多外部的东西。

特别是在一种最佳生活状态中，很多东西都是不完美的，太多的东西需要去发现和创造，一个人对爱和工作要承担更大的责任，没有人可以替代你去生活。

# 第六章 优雅地活着

- 法则一 我们都需要精神支柱
- 法则二 爱的极致是宽容
- 法则三 把握现在是关键

## 第六章 优雅地活着
## Live Like Shakespeare

如果不培育心灵，我们的社会就会像机器人一样举止机械，墨守成规。别人看见我们似乎很成功，然而他们打心底里并不为我们感到高兴。他们不喜爱我们，我们也不喜欢他们。如果不为心灵培育留有余地，不管我们进化到多么文明的程度，我们仍然像机器一样活在一个机械的世界里。我们的死亡也就轻于鸿毛，对别人对自己都无关紧要。

莎士比亚深刻地认识到：没有灵性的国王比有灵性的乞丐更为贫穷和孤独。他自己是个高度重视实践的人，但在心智方面他是个浪漫主义者和理想主义者。

不管阅读了多少遍他的剧本，也不管欣赏了多少遍他的戏剧，我们总能感到他笔下的人物栩栩如生，有着我们总也看不透的内在生命力。这种内在生命力就是心灵折射出的光辉。莎士比亚精于此道，这可能就是他笔下人物不朽的原因所在。

人的本质在于心灵。它只可意会，不可言传，再优秀的诗人也无法表达。

意在言外是心灵的本质属性。它高于言辞，不可描述，但我们知道它的存在，并将生命托付于它。什么是心灵，只有体验过的人才会感到它的美好。

我们在此探讨一种在某种意义上比你更重要的东西——心灵。你的心灵是一种看不见的力量，它等待着你去接受它，欢迎它。一旦你这样做了，别人就会感觉到，并会比以前更加欣赏你。

当事情变得很糟糕时，心灵会安慰你。甚至在你与所有生物交流时，心灵会使你与众不同且给你勇气。正如巴德族的语言中所说的，在你倒霉和受辱的时候，心灵与你同在。

如果没有灵性，天才的莎士比亚也就不成其为莎士比亚了。他与人类进行了深层次的交往，这些交往在他的想象和语言中闪耀着灿烂的光辉。莎士比亚本身就具有生命力的心灵，再加上他的天才，使他能与多种多样的人物进行神奇的思想交流。他的诗作中的抽象力也源自心灵。

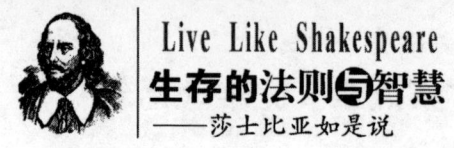

## Live Like Shakespeare
### 生存的法则与智慧
——莎士比亚如是说

心灵是看不见摸不着的,然而人们却为之所吸引,心无旁骛。人们信任和爱戴有灵性的人。历史上那些最伟大的领袖也是我们心灵的领袖。不管他们是否在世,他们越是有灵性,我们越是敬爱。他们虽然辞世,但却更伟大、更神圣。他们身上体现着一切我们无法表达却需要感激的东西。我们怎能不热切追求这种东西呢?

我们的父母、老师、宗教人物或朋友引导我们,启迪我们,我们很容易获得心灵启示。但是,那些在贪婪、争吵、自私的氛围中长大的人,没有经历过这种珍贵的心灵净化过程。为我们自己着想,我们必须现在就开始努力追寻心灵的启示。

为了促进心理发展,下边几章介绍了获取灵性的几个关键。普洛斯佩罗,《暴风雨》中伟大的魔术师,有一个巨大的秘密和一个巨大的教训要告诉你。鲍西亚,《威尼斯商人》中的女主角,也要告诉你一个巨大的秘密和教训。并且我们已经发现了莎士比亚本人的一个秘密,即要常常保持并培育自己的心灵。

这些就是我们所能采取的把心灵的真正财富带到我们的生活中的措施。

# 第六章 优雅地活着
## Live Like Shakespeare

## 法则一 我们都需要精神支柱

我们拯救了一只狗或猫的生命并将其置于我们的保护之下，虽然我们没有期望得到感激，但也充满快乐。我们可以认为它们的健康和友善就是感激。如果我们的努力使别人受益，我们也得到了很好的回报，因为我们也从自己的努力中受益。

在你的生命中至少要找到某个你能为之奋斗和付出的人。

为什么要制造一个看来不必要的负担呢？

因为你心理上需要回应。

这是否意味着你不该独身或者你必须娶妻生子？绝对不是。

答案是你必须以一定方式对至少一个别的生命承担责任。你选择的这个生命可以是情人、孩子、老人、邻居或一只动物。

莎士比亚懂得这不仅仅是一个简单的道德准则，而是因为它包含了两个深切的心理事实：

1. 只有在最低限度内有人依赖你的努力、你的创造力、你的洞察力或你的爱心，你所获得的东西才会在你心理上产生回应。

2. 不管你拥有什么，也不管你获得多么巨大的成功，如果对他人不重要，最终也毫无意义。

这并不是说你需要从你付出的人那里得到掌声和赞美，他们也许不懂得你已经为他们做了什么或者说他们也许不懂得为什么你要为他们付出，

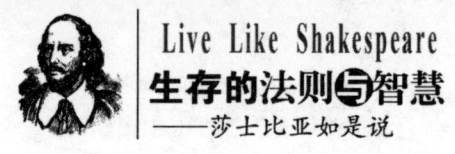

## Live Like Shakespeare
### 生存的法则与智慧
——莎士比亚如是说

可是只要他们在你脑海里存在，就会激励你。

**《暴风雨》中真正的避难所**

莎士比亚的全部戏剧只塑造了一个万能者的角色，他就是《暴风雨》中的魔术师普洛斯佩罗。他会念咒语，能看见和控制无形的精灵，能驱动地球，撼动大树，确实无所不能。

在剧情开始前的12年中，普洛斯佩罗是米兰人民爱戴的公爵。由于沉醉于钻研魔术，他给予他弟弟安东尼奥很大的权力。他错看了他弟弟，因为他弟弟已加入了权力集团，阴谋篡夺普洛斯佩罗的王位。

在安东尼奥的授意下，普洛斯佩罗和他那失去母亲的女儿被遣送到一只无帆无桅杆无船索用具的小船上进行远程漂流。虽历经险阻，但普洛斯佩罗保住了他最重要的两样财产：魔袍和魔书。

普洛斯佩罗公爵和他的不断哭叫的女儿米兰到达一个遥远的岛上，并凭着顽强的毅力生存下来。他释放了被囚禁在大树里的精灵，解除了他们受奴役的状态，并使自己成了岛上的主人。

剧情开始了。普洛斯佩罗推测有一艘载有叛徒安东尼奥和其他贵族的轮船正向小岛驶来。他利用无形精灵阿利亚的魔力掀起一场风暴让该船翻倒；又在阿利亚的帮助下拯救了那帮乘客并引导他们游向小岛。

在岛上，普洛斯佩罗不是使用野蛮残忍的手段而是利用和平谈判的方式征服了他的对手。他念动咒语，使他女儿与船上一位弗德南国的年轻王子坠入爱河。

通过施展魔法，普洛斯佩罗几乎掌握了无限权力。但他懂得一个深刻的真理，如果没有爱心，不去爱别人（比如他的女儿），他的无限权力就无处发挥，毫无意义。直到他女儿15岁的时候，普洛斯佩罗才告诉她，他被放逐的痛苦经历，在他叙述到他们在无舵的小船上的辛酸遭遇时，他女儿哭着说："哎呀，父亲，我给你带来多大麻烦呀！"

# 第六章 优雅地活着
## Live Like Shakespeare

但普洛斯佩罗纠正道：

哦，可爱的孩子
你的伴随，你的微笑
驻我心田
给我不屈不挠的力量
即使腹痛、呕吐
也能忍受

如果普洛斯佩罗孤身一人，他的万能确实毫无用处，除非他为别人而不是为自己、为他所爱的人付出。他的魔力就是虚空的，也不会给他带来真正的快乐。

## 责任也是一种礼物

只有心怀他人，最好是心怀大众，在生活中竭尽所能战胜各种阻碍，我们才会感到我们的成功是多么重要。

看起来责任似乎是一种负担，其实是一种报偿。即使别人如我们所知的那样，像小孩似的不懂我们为他们着想、为他们而付出，也不必难过。因为我们在奉献过程中获得了快乐，而且我们已经让别人活得更好了，知道这一点胜读百年书。

我遇到一个真正神情沮丧的人，他说活着真没意思，一听这话我就心中起疑，这个人的生活中是否有一部分在为他而活着。

如果没有，我的下一个问题就是，怎样让这个有心理疾病的人至少为另一个生命负起责任，哪怕是一条宠物也好。只有那样才可能获得成功的真正自豪感，在别人体验到你的好处时，你的努力就没有白费，也充满价值。

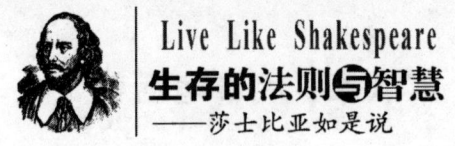

这种爱护生命的人可能是个穷孩子、朋友甚或我们的后代。人们将不会知道或欣赏我们的贡献，但不要紧，因为我们知道我们已为他们的幸福加火添薪了。

我们拯救了一只狗或猫的生命，使其置于我们的保护之下，虽然我们没有期望得到感激，但也充满快乐。我们可以认为它们的健康和友善就是感激。如果我们的努力使别人受益，我们也得到了很好的回报，因为我们也从自己的努力中受益，正如巴德族在别的地方所写的那样：

**满足者得报偿。**

### 分清责任界线

对我们真正珍爱的人负责是生命的本义，它高于生命，也是活着的理由。

有一个妇女对安眠药有瘾，她很富有，却整天焦躁不安，她不关心任何人，包括她丈夫在内。然而有一次她却这样可怜起她姐姐来：

"多可怜的东西，整天为了抚养两个孩子而奔波。"

她姐姐确实很穷，但从为两个女儿糊口而奔波的过程中获得了希望，也感到活得充实。女儿的喜怒哀乐、身体状况和遇到的困难都挂在她的心上，也给了她勇气和天伦之乐。

我们中的千百万人的确为依赖我们的人而奔波，而活着。他们是我们的孩子，我们那失去自立能力的父母和我们所养的宠物。

无论多么卑贱的人都可以在别人的生活中扮演重要的角色。

无论是谁，找到某个你愿为之负责任的人，你就会有如下收获：

1. 胜利感。
2. 在你最困难时助你一臂之力的被需求的感觉。
3. 对生命价值有更高评价。在你看不到自己的价值时，你处于人生低谷，但由于你能正确评价别人生命的价值，你也能轻松度过这个时期。

## 第六章 优雅地活着
### Live Like Shakespeare

4. 一种持续不断的感情，使你感到你的死亡使这个世界苍白贫瘠，也就是说你感到你的生命对这个世界多么重要。

如果你愿意至少为另一个人牺牲自己，你就不要那么挑剔，愤愤不平。即使你所帮助的人因太小、病得太重或太老弱昏花而不能感谢你，你也要正确看待和评价一切。

正确评价你的奉献很重要，你将会认识到世界上还有像你一样在关心别人、默默奉献的人。在别人需要你的时候设法逃避，这不是聪明之举。你会逐渐感到灰心丧气，不管你为你的自立能力感到多么骄傲。如果没有任何人依赖你，即使你尊贵和富有，你只会变得更老迈，行将就木。

这就是普洛斯佩罗的经验。

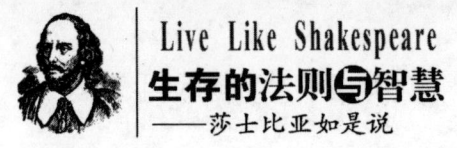

# 法则二 爱的极致是宽容

以一个爱人或同事的态度宽容别人，就等于送给了自己一份神奇的礼物。任何担心这样做会引起混乱或被认为是示弱行为或怕丢面子的想法都是误解，几乎所有这样的担心都是多余的。

在英格兰斯特拉福市的一个小博物馆里，陈列着莎士比亚的许多物品，其中有一幅18世纪的油画我还记忆犹新。画中描绘了一个众所周知的故事，也反映了莎士比亚的传奇经历。一个名叫威廉的18岁男孩，因受指控犯有盗窃行为而被带上法庭。

从画中我们可以看到，穿着绒袍的年轻威廉旁边站着他的父亲，正在法官面前受审。画家将法官画得表情严峻，似乎就要对威廉定罪，因为这个年轻人犯有在当时算是重罪的盗窃行为。威廉和他父亲在恐惧中等着宣判。

然而画中的细节却宣示着一种令人不易觉察的东西，这就是画家的高明之处，在老法官阴沉的眼皮底下，我能看见，或许我过去也看见过，一双眼睛正在闪烁，似乎已决定这次要释放年轻的威廉。画家要让我们知道那个法官打算原谅威廉的第一次过错。那法官竭力作出要惩罚这个年轻人的样子，好叫他明白他所犯的罪过的严重性。可是法官在内心里想宽恕他。

按照这个杜撰故事的另一种说法，年轻的威廉是为了逃避惩罚才急匆

# 第六章 优雅地活着
## Live Like Shakespeare

匆地离开斯特拉福市的。但我们的这位画家采用了不同的说法，从这幅美妙的画上判断，威廉像我记得的那样身穿蓝色绒袍，受到宽大处理。

这样来解释这幅好画是可以令人满意的，因为这种解释可以呼唤出一个充满宽容的世界。

作宽大处理可能是莎士比亚曾经成为最伟大的仁者的原因之一。

### 宽容的本质

有很多书论述过心理健康和所谓的心理疾病，但"宽容"一词很少被提及。心理医生也不会用这个词，然而对人对己的那种宽容心的培育却是获得财富和幸福的核心内容。

按照牛津英文字典的解释，"宽容"的意思是原谅和同情那个受自己支配且无权要求宽大的人。

对"宽容"一词需要仔细思考，且看莎士比亚怎样帮助我们理解这个词的含义。

与法律不同的是，宽容纯粹是个人的产物，如果你愿意，你可以把它看做是一种优雅的表现形式。如果按法律规定一个人无权要求宽大处理但结果却受到了宽恕，这时的宽恕才算是一种仁慈和自愿牺牲的表现。

宽容改变了法律，就像夸张手法改变了艺术作品的本来面目一样，目的是为了丰富和增添美感。

宽容突破和超越了文字规定，产生了人道的最佳效果，也使我们所有人都能达到仁爱的境界。

从最严格的意义上来说，受到宽大处理的人不是无过而是有过，不是正确的而是错误的。

从绝对的司法公正角度来看，宽容是违背法律规定的，但宽容所追求的价值目标与法律本身一样崇高。宽容包含着人的心灵，法律却不一定具有。

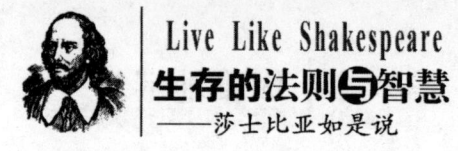

# Live Like Shakespeare
## 生存的法则与智慧
——莎士比亚如是说

莎士比亚让我们欣赏宽容剧情的表演就像欣赏艺术品一样。在最严格的意义上它的表演是一种装饰和累赘，但不可否认，宽容纯粹是从心底涌现出来的。

法律强制要求司法公正，但没有强制要求施与宽容，没有什么强迫我们必须施与宽容。宽容必须发自内心，否则它根本不会产生。

莎士比亚塑造了许多请求宽容的雄辩角色。好像他想教育他笔下那帮粗暴野蛮者要学会宽容一样。

他的最伟大的有关宽容的论述出自鲍西亚之口。她是《威尼斯商人》中的女主角。

在戏剧的开端，鲍西亚并不是一个讨人喜欢的角色。她和她的女仆关着门并躲在门背后嘲弄那些追求他的男人，而且做得有些过分。鲍西亚的父亲死时给她遗留下一笔财产，并为她选好了一个丈夫，即让她女儿的求婚者做猜珠宝箱的游戏，谁猜对就能娶鲍西亚为妻。珠宝箱共有三个，分别装着金、银和铅三种金属，奖品就是鲍西亚。猜中装铅的箱子就算赢。在她父亲看来，挑中铅箱的人往往是不被外表装饰所蒙骗的人。

鲍西亚违背了她父亲的遗愿，她帮助她的情人巴塞尼奥赢了这场游戏。她聘请了一位乐师唱着歌来引导巴塞尼奥走向装铅的箱子。她向巴塞尼奥透露答案的行为与现代考试中的舞弊行为没什么两样。

鲍西亚有不光彩的一面，但从她后来在那最伟大的时刻的表现来看，她已经大大地挽回了自己的过失。她丈夫的朋友安东尼奥因为作出过承诺，必须要从自己身上割下一磅肉来还债。鲍西亚乔装成男人，到法庭请求宽恕安东尼奥，她的辩辞成了莎士比亚所有论述中最为人称道的言论之一。

辩论结束时，鲍西亚告诉我们，没有人能比施行宽容的人更强大，更自豪。

宽容不受约束，

# 第六章 优雅地活着
## Live Like Shakespeare

它像天上的细雨，
滋润大地，带来双重祝福：
祝福施与者，也祝福被施与者，
它力量巨大，贵比皇冠，
它与王权同在，与上帝并存。

### 宽容改变了权威

与许多方面不同，通过对宽容的崇高追求，鲍西亚的形象得以改变。她作为莎士比亚笔下最富有同情心、最令人瞩目的女主角之一而名垂青史。

有趣的是，鲍西亚成了公正的化身，这可能是因为她在剧中扮演过法官，也可能是我们追溯了她所辩护的对象，安东尼奥，一个诚信的商人的缘故。事实上她并未要求司法公正，她诉求了一种更高的价值，即宽容。

鲍西亚的诉求划清了法律与宽容的界线。法律效力的终点便是宽容效力的起点。纯粹的宽容便意味着接受宽容的人必须有过错。按鲍西亚的话说就是宽容这种神秘的方式使人类从缺点什么变成多点什么。她本身的行为揭示了这一真理。宽容的效果在施与宽容者身上便体现为魔法。

### 宽容的威力

虽然宽容必须发自内心，但它并不仅仅是一种心灵表现，它也有很强的实际作用，施与宽容的效果可扩大至全世界。

这里有一些你可能未曾考虑过的有关宽容的论述。

1. **宽容待人，结交长久友谊**

很显然，你交的朋友几乎总是那些你原谅过或帮助过的人。事实上，你的宽容行为对看到它和听到它的人都能产生影响。

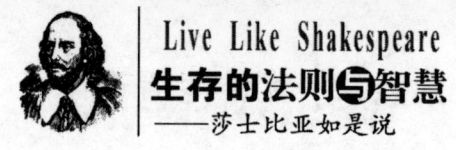

Live Like Shakespeare
生存的法则与智慧
——莎士比亚如是说

你出面开释那些需要改进的人，就等于告诉他们，他们有犯错的余地，也可以犯傻。对绝大多数人来说，这是至关重要的。

我曾经见过许多没有同情心的人赢了一场官司或口角，并顽固坚持他们的主张。即使他们是正确的，由于不必要那么凶狠地打击别人，他们这样做也失去了一切。

在 D. J. 辛普森审判案的过程中，律师兼作家杰利·斯宾士出现在一个妇女提出质问的辩论场合中："为什么陪审团不质问被告……"这个妇女提出一系列疑问，她认为陪审团应该质问被告的律师。

那时有三个律师争着想反驳她。因为他们对答案成竹在胸，且认为该妇女的问题很可笑。答案在程序法中写得清清楚楚。三个律师都想告诉原告：原告的提问纯属法律程序问题。陪审团按规定不允许向原告和被告直接提问。其中一个有名望的律师这样说了，其他二位点头赞同。三位律师是法律专家，而该妇女不是，他们的专业性回答使该妇女处于被动地位。

法官打算休庭，这时杰利·斯宾士要求陈述意见："法律确实规定不允许陪审团提出像你所指出的那种问题，法律这样规定本身是对的，但陪审团肯定扪心自问过这样的问题。事情坏就坏在不能把这些问题大声念出来。"

该妇女或成千上万的听众如果被置于这场辩论中，会赞同哪方律师的意见呢？很明显，答案就是应承认该妇女的质问权并尊重她应有的人格尊严。该妇女的代理律师斯宾士在反驳对方代理律师观点的同时，对问题作了进一步阐述，他已经做得很好了。与对方代理律师不同的是，他给了该妇女应有的法律地位，按这个国家现行法律规定，该妇女无权在法庭上发问。但她的错误可以理解并得到原谅，因为她不是律师。该妇女的质问权已获得承认。

另一方面，没有宽容心的人很容易得罪人，至少会让人觉得不可理解而感到不安。这种人往往会被认为他的性格中存在冷漠无情的内核。其他人包括这种人的上司在潜意识中也会心存恐惧，将这种人视为不可预测

# 第六章 优雅地活着
## Live Like Shakespeare

者，一个狂野的怪人。

**2. 宽容是享受快乐与获取权力的捷径**

一些人喜欢责怪别人，最糟糕的是这种人很容易几小时或几天都焦躁不安、沉默不语和愁眉苦脸。通常这种不愿原谅别人的人却希望别人如他们的伴侣或孩子向他道歉。他们认为即使卑躬屈膝也得挽回损失。他们在寻求自己缺少的自尊。

然而真正的权威属于那些愿意原谅别人的人。这种人能体会到自己对别人产生的深刻影响。

**真正的权威给人宽容；只有伪装的权威才需要惩罚每一个过错。**

施行宽容是接近神灵本性的途径，没有人穷困到无机会表达宽容的地步。

人们常常拼命追逐权势以便可以支配他们周围的人，也常常拼命猎取财富。但我们常常忽视这些行为，为自私大开方便之门。

以一个爱人或同事的态度宽容别人，就等于送给了自己一份神奇的礼物。任何担心这样做会引起混乱或被认为是示弱行为或怕丢面子的想法都是误解，几乎所有这样的担心都是多余的，没来由的。

**3. 宽容别人会给你带来一种感觉：你是一个宽容大度的人**

如果别人能原谅错误，那你也能。无宽容心的人会招致灾难，他们常处于莫名其妙的恐惧压力下。你犯错时别人是否对你粗暴和不公平？你是否在纠正错误时宽容自己？不要以那种方式对待别人，这样你就能心平气和。

如果你能对自己说："我从不会那样对待别人或长达数月的一次次地重提那个错误"，那么你至少在某种程度上能克制这种粗暴态度。如果你对受你支配的人无情，也会遭受他人的无情。

这种情形在与大男子主义者和种族主义者打交道时表现得更为明显。对这两种人不要以牙还牙，如果在某时你想报复一下，就减弱了你的力

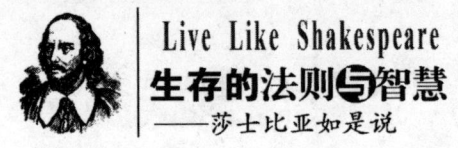

量,因为你削弱了某些人认为这两种人的行为是错误的感觉。你的对抗代替了那种起初纯粹是渴望世界更美好的心灵所带来的力量。

我们值得得到我们给予别人的那种待遇,这是一个深刻的事实。

如果我们有宽容心并认可宽容的价值,就给予吧。鲍西亚告诉我们:

> 人们确实在诉求宽容的降临
> 诉求的同时也教导我们
> 要施与宽容的恩泽。

除非宽容别人,否则我们无法体验到爱。宽容别人带来的愉快是无上的。它使我们认识到自己值得受到宽容,也使我们认识到没有宽容心的人是有缺陷的、危险的。

### 4. 宽容别人能带给你巨大的安慰和个人自由

我发现我在帮助我的病人学会宽容别人的同时也在帮助他们长寿,并避免高血压和其他疾病。尤其是在与犯有心脏病的人共事时,我要求他们不要去指责别人的过失。正如巴德族语所说的那样,生活就是"五味瓶"。学会接受多样化和豁达,就能活得更好。

### 5. 宽容自己也很重要

不愿宽容自己的人在一些小错上折腾不休,并常感失望和不安。

如果有一点小错,他也过分认真,修改来修改去好像别人完全不能原谅他似的。一旦门铃一响,这位主人赶快跑去开门,张罗着又是让椅子又是送纸巾,生怕朋友或情人怪他照顾不周。

在事情变坏时无宽容心的人不仅自己遭罪,而且也伤害了自己的情人。

在莎士比亚看来,宽容是人际交往中最重要的理念之一。

在莎士比亚的 36 部戏剧中,"宽容"一词在 33 部戏中共出现了 94 次。个性的本质常常取决于是否受过宽容的引导。缺乏宽容使个性从伟大

## 第六章 优雅地活着
### Live Like Shakespeare

堕落为比平凡还不如。

从莎士比亚的作品中我们能辨别出他几乎对所有的生物（不管是人还是动物）都无限宽容。

他经常重复这句话：**宽容的伟大在于发自内心，宽容不容强迫。**

在你试图强迫别人宽容的刹那，你的强加行为就使宽容变味了，你使宽容变成了恐惧。宽容必须保留它本身的动机，由此才能产生纯洁的宽容。

莎士比亚是如何培育自己对所有生物都无限宽容的？

当然无人能彻底答对该问题，但我倾向于认为他是在非常时刻接受宽容并终生难以忘掉它的。

让我们再回顾一下那幅画。穿着绒袍的少年威廉站在法官面前，他的父亲靠近他站着。他从别人那里偷走一头鹿，被人抓住，要治重罪。在伊丽莎白时代对盗窃罪处罚很严厉，犯人要被肢解并悬挂示众。

年轻的威廉怀着巨大的恐惧，他一定对他的命运想了很多，那时他甚至无力为自己辩解。宽容是他唯一的希望，如果法官想宽容他的话。那时威廉是多么想得到宽容啊！正如别人设身处地所希望的那样。

法官原谅并释放了他。威廉将无法忘记宽容的威力，他将一辈子宣扬宽容的好处。

我经常思考那幅画给人们带来的有关宽容的好处。毫无疑问，威廉的父亲与他儿子一样接受了这份礼物，同时看到了一个仁慈的世界。

至于法官，他也得到了文中所述的所有好处，他为自己的仁慈感到愉快，从年轻威廉的获释和感激中得到真正的欢悦。他几乎不能感受到他的宽容对未来世界产生的深远影响。如果他严厉惩罚了这个少年，这段故事早被人遗忘得一干二净了。

然而法官的行为可以证明，他知道世界上不仅需要惩罚，也需要宽容。威廉本人是受益者的最好证明。他的报酬是获得自由与原谅。如果他在他那年龄时有愤世嫉俗情绪，他受到的宽容将会有助于他乐意施行宽容

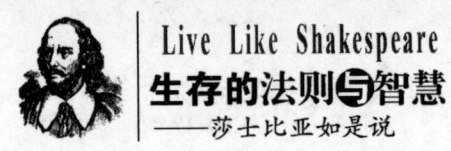

并推崇宽容的价值。宽容正如仇恨一样流逝而去,但像法官这样的行为一定使莎士比亚的宽广心灵得到升华。

也许莎士比亚在某一天会写出这样一句有力的话来:"宽容使法律完美",并塑造一个角色去诉求它。正如我们所有人都应该去诉求的那样:

  法律赋予你权力
  犯点小错,作出伟大。

第六章 优雅地活着
Live Like Shakespeare

## 法则三 把握现在是关键

> 我认为莎士比亚希望我们保持笑容，为美而高兴，为别人而高兴，去取得给予我们的东西。在我看来，这就是心灵所能达到的最高境界。

在上大学本科刚接触莎翁作品时，我像几世纪以来的成百万的人们一样，感到莎士比亚的作品是专门为我而写的。带着一种现在让我感到脸红的自大态度，我认为我对莎士比亚的作品有了正确的判断。我告诉大学的老师，莎士比亚的悲剧写得比喜剧要好。

老师气质高雅，没有点出我还不够资格去下结论。他也善意地没有说出我的判断对他无关紧要。

我会永远记住韩先生，一个志趣高雅的人，是他为我指点迷津的。我至今似乎还能看见韩先生一边擦着眼镜一边温和地对我说话的形象，许多人最初都喜欢莎士比亚的悲剧，只有等他们年龄增长到一定程度时，才会逐渐体会到莎士比亚喜剧的伟大之处。

通过观察自己和无数的朋友及病人，我已逐渐明白有三种主要的思考方式在影响我们对外界事物的看法。

首先，在孩提时代我们无忧无虑，喜笑满怀。我们取笑逗乐，学习教规。我们把板着脸孔的成年人看做乏味的魔鬼。对喜剧、滑稽剧和其他任何轻松的东西都乐意接受，而对任何约束我们、令我们感到不痛快的东西都置之不理。

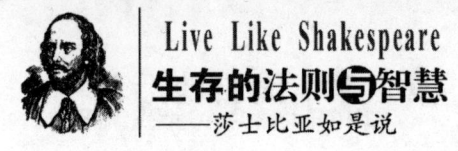

接着,到了青少年时代,在取决于某种生活态度的基础上,我们逐渐认识到好景不长,不仅自己而且我们所爱的人以及整个世界都会变老,并且终有一天都会死亡。可能已经看见了死亡的事实,即使没有看见的话,我们也忽然有一种担忧,认为现在的和未来的东西都将成为过去而逐渐消失。

还是那位韩先生,有一次一个学生问他,剧中的哈姆雷特有多大年纪。先生委婉地回答说,"他就介于一个人开始认识到死亡是一种现实可能的年龄段。"在现实中,每个年龄段的演员,不管是男是女,从15岁到70岁,都在演绎着与哈姆雷特相同的生活故事。

### 忧伤的阶段

走过天真无邪的孩提时代,就进入生命的忧伤阶段,这个阶段可能来得早了些,而且我们中的许多人将永远无法摆脱这个忧伤阶段。年长者好像明白这个事实,正如巴德族语所描述的那样:"未来仍然不可捉摸。"

在忧伤阶段,我们几乎把智慧和悲伤同等看待,前者是一种思想,后者是一种感情。我们悲哀地甚至是轻蔑地看待那些仍然活在蜜罐里的人,似乎只有这样做才会显出我们深刻。如果这种人恰好变老了,我们就认为他们是软骨头,是懦夫。

许多人以为生命的忧伤阶段将持续终身。生命的忧伤被"责任"、"成年"、"成熟"所掩盖,似乎悲伤就是真实生命的唯一适当评价。

在忧伤阶段有几个显著的特点,那就是心理学家所称的"第二次收获"。其中一个报偿就像哈姆雷特所指出的那样:如果你把这个世界看做是"疲惫的、陈腐的、单调的和徒劳的……一个杂草丛生的花园",你就不会感到失望了。

这就是一些人所获得的药方,它使人类的忧伤带着一些真正的智慧意味。而且,忧伤本身能直接产生快乐,你尽可对自己大发脾气,也可自悲

# 第六章 优雅地活着
## Live Like Shakespeare

自怜。

### 最高境界

还有比忧伤更高的境界。达到这个更高境界要求我们要忘我,要忘记忧伤,即使我们知道这个世界存在那么多弊病以及我们所深爱的东西存在缺陷。

我们已看到过这个世界最坏的一面和最好的一面。我们看到过偏私、屈辱、忘恩负义和重病,有时我们忍不住悲伤,就像莎士比亚在十四行诗中所写的那样:

> 呜呼,无尽灾祸,
> 双目浸泪,不可抑止,
> 亲爱的朋友,深陷地狱般的黑暗
> 再哭一次,难慰我心。

即便看到这些诗句,我们还是不愿抛弃我们已有的东西,即可能降临的爱、庆祝、责任、欢笑、我们爱戴的人(不管活着还是死去),也不希望我们像哈姆雷特跳入欧菲利娅的坟墓那样跳进忧伤的深渊。

这就是我一直希望我的病人要达到的境界,这个境界表面上与孩提时代的天真无知很像,但实际上完全不同。这个境界不是基于对痛苦的无知,而是要求我们不要被忧伤所困,要从忧伤中解脱出来。

### 《第十二夜》——为快乐唱颂歌

莎士比亚的两部戏剧《哈姆雷特》和《第十二夜》,像地球上的两块大陆一样不朽和永恒。每次比较这两部戏剧之后,我都受到震撼。在《哈

姆雷特》中，哈姆雷特的叔叔一直算计着谋害哈姆雷特的父亲。由于报仇心切，哈姆雷特有一段时期难以自拔；但他最终冷静下来。剧中死去的人有波洛涅斯、洛森克郎兹、盖东斯通、欧菲利娅、哈姆雷特的母亲和叔叔、莱特斯，最后是哈姆雷特自己。哈姆雷特常被描述为"忧伤的丹麦人"。正如一些人认为的那样。这部戏剧可能是有史以来唯一的巨作。

在《第十二夜》剧中，有三人结伴喝酒，他们是贵族托比、安德鲁、阿格雀克及滑稽者弗斯特。他们喝得起劲并大声唱歌，一直持续到深夜。他们唱得特别起劲儿，对那些已经入睡的人来说，他们的声音确实太大了。

> 爱是什么？它不在来世；
> 即时放歌需纵酒；
> 来生不可知。
> 快吻我吧，二十个甜蜜的吻；
> 青春如烟云，转眼即逝。

这是一首打油诗，但正与莎士比亚别的语句一样让我悲伤。就像让我们感到愉悦的莫扎特的美妙音乐一样，不需花时间去证实他的曲调中那些真实的哀愁。

无论如何，剧中的这个特殊的夜晚，这个略显轻浮的夜晚，歌词所揭示的事实触动了这三个平凡的人，使他们放声高唱起来。

正当他们酒喝得正酣、歌唱得正欢的时候，酒店老板娘的那位过分严肃的管家马伏里奥穿着睡衣走过来劝止，叫他们别唱别喝了。马伏里奥本性忧郁，带点诙谐。他扮演"成熟者"的反面角色。他的整个举止似乎在说："生命就是邪恶，每时每刻都不要忘记这一点。"他的名字，马伏里奥，来源于拉丁语中的"坏心眼"一词。

很显然，马伏里奥经常告诫别人行为要检点，否则会吃苦头。面对马

## 第六章 优雅地活着
## Live Like Shakespeare

伏里奥的劝止，这三人对他嗤之以鼻并唱得更响了。

我认为不必区分是非或知道这回事的前因后果，这三个角色的行为本身就说明了歌词所揭示的事实，而不是他们喝醉了。他们敏锐地看到了生命的短促并热烈庆祝生命中余下的部分，他们不允许马伏里奥出来阻止他们。

贵族托比拒绝停下来，对马伏里奥大声嚷道："你认为我们付不起酒饭钱吗？"

滑稽者弗斯特附和着讥讽道："啊，圣安尼说过，打铁需趁热。"

三人维护着自己的权利，他们唱啊跳啊喝啊，如果不为别的，那么就是为了短暂的生命和为了鼓起勇气去互相取悦地活着，而不管那短暂的生命。

我们可以是最勇敢的生物种，知道自己拥有什么却仍然互相庆贺和甘愿作出牺牲。为什么这三人不演奏呢？就像《泰坦尼克号》中的乐队在船下沉时仍继续演奏那样。

忧伤不是人们更乐意接受的一种状态，而是一条更深奥的道德准则。

我想，莎士比亚否认了这种说法。

《第十二夜》的剧情从整体上和实质上看所揭示的是体验快乐的权利，不去管世界上有什么缺陷。我们可以去唱、去乐，就像那三个脆弱的人那样不负责任。

他们那个晚上的反叛是这部戏剧的核心思想。女服务员玛利娅设计了一个捉弄马伏里奥的恶作剧。帮助这三人战胜了这样一种看法：忧郁比智慧更优越。他们的恶作剧如此有趣，以至于最后贵族托比为此而娶了玛利娅。如果从字面上看，我们会认为贵族托比所解释的他与玛利娅结婚的理由是错误的，然而只要内心轻松愉快，对于一个已理解生命是悲惨的人来说，这是最值得推崇的品性。

剧情从表面上看多么浅薄！主题也是多么渺小！如果有人打算写一部以此为主题的剧本，也许在初审时就会被淘汰掉。

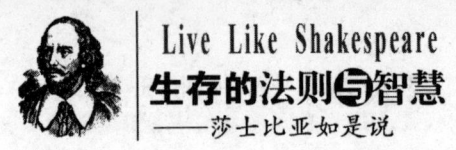

## Live Like Shakespeare
### 生存的法则与智慧
——莎士比亚如是说

  爱是什么？它不在来世；
  即时放歌需纵酒。

  "为什么不呢？"《第十二夜》似乎在说。

  有一个关于爱德默德·科恩的故事。科恩是扮演莎士比亚戏剧中角色最好的演员之一，也是同龄人中的佼佼者。1833年，科恩躺在病床上，面临死亡，他的一位朋友走近床头同情地提到死亡是多么痛苦。科恩简洁地回答道："死亡很轻松，喜剧才痛苦。"

  这个最高境界超过前两种境界，我们知道了悲剧是什么，我们已看到了皮肤内的头盖骨。悲剧降临到我们头上，但我们不会陷入忧伤，也不会错误地认为忧伤是智慧的唯一形式。充分思考最坏的方面，而且必须超越它。

  我认为莎士比亚希望我们保持笑容，为美而高兴，为别人而高兴，去取得给予我们的东西。在我看来，这就是心灵所能达到的最高境界。

# 终曲　从成熟走向成功

- 安德鲁·卡内基：招致失败的45条常见原因
- 拿破仑·希尔：走向成功的17条定律
- 卡特尔：如何做一个真正成熟的人
- 汤姆·莫利斯："7C模式"保障你成功
- 麦克斯威尔·马尔兹：成功的机制
- 克勒蒙·斯通：打开财富的堡垒
- 史蒂芬·哈维：成功的十条戒律
- 冈本常男：克服人生的困难和挫折
- 成功地与他人交往

## 终 曲 从成熟走向成功
### Live Like Shakespeare

> 你给了他们这样一个信息:"我生活得和你们一样,我也有相同的经历,也经历过同样的人生十字路口。你的感觉很正常,这可以理解,因为我也曾经有过这种感觉。"

莎士比亚是怎样观察到那么多东西的?

莎士比亚能理解大批民众的心,而不仅仅限于他所认识的人。他能理解许多他不熟悉的人的生活方式及他们的动机和渴望。多少个世纪以来,人们对他这些方面的天才大感不解。正是这些天才使他能够推断出不同的人的不同感觉,也使他知道什么东西能吸引人们。他能通过农夫的嘴或者从未弄脏过手的女王的嘴与人交谈。

莎士比亚好像有一台神奇的录音机,也好像采访了那些人好长时间。除此之外,他好像给他们输了血,迫使他们说出内心深处的想法。

除了观察人,这位巴德族人似乎还令人难以置信地知道无数众多的自然现象和日常生活中的细节。

他拥有那么多自然知识,我们可将其归因于他幼年生活在乡村的环境里。通过利用他那不泯的好奇和似乎完美的记忆力,他在每个季节观察着树叶的颜色,蜘蛛和蜗牛的行踪。

但要把他的另外一些知识归因于什么却比较困难,比如在晚上草长得更快,在户外活动受日照时间长的人的肉体在坟墓里需要更长时间腐烂。

莎士比亚狂热地引用民间知识,但民间知识也有出处啊。很显然,莎士比亚一定与阅历丰富的人相处过。他一定听过许多有关生命的故事或一些别的故事。正如一些人认为的那样,他一定经历过许多种生活。

### 莎士比亚的秘密——模拟生活

在某种意义上,莎士比亚的确经历过许多种生活,不过不是通过真正的投胎转世的方式,而是通过从心理上与别人融为一体的方式经历各种

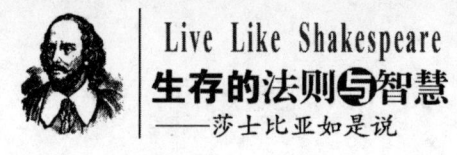

生活。

通过心理沟通的方式他经历了许多和他谈过话的人的生活。

我相信莎士比亚最为精通某种技巧，这种技巧我称之为"模拟生活"。它是一种众所周知的而且演员经常采用的技巧的延伸，即"模拟演出"的技巧的延伸。

模拟演出是演员利用个人经历去寻找回馈的技巧。演员的生活可能与他所扮演的角色有很大差距，但演员感到过去某个时候的感觉与他现在所扮演的角色的感觉相似。例如，虽然二者环境完全不同，但演员感到同等的快乐或痛苦，或在相同的方式下同样感到困惑不解。

使用这种方法，你往往会发现你的某个经历与角色的类似。然后你充分收集这些有用的信息，在舞台上你就能再现它了。这样做以后，你就可以真正理解和扮演好你的角色。

模拟演出不是模仿，它有更深的含义。它是接近你所扮演的角色这个组合体的途径。在你自己的生活中找到与你心灵同行的那个时刻，现在就体验一下那个时刻，你将会找到你的角色所需的那种经历。

"模拟生活"也用这种技巧，并将它运用到日常生活中。模拟生活的目的也是要找到一个组合体以便能从情感上理解别人。通过找到一个与别人现在经历相同的你的过去经历，你就进入了别人的心灵。

模拟生活是一种在很多情况下我们自然就会去做的有意识的而且是深思熟虑的技巧。环境虽然不同，但通过回忆自己的类似痛苦，我们同样可以理解一个孩子的痛苦或被遗弃的感觉。

如果你使用这个技巧，甚至与你差距非常大的人你也能在感情上与他接近。你能够理解他们的动机，这样你就使他们意识到你知道他们的真实面目。

你给了他们这样一个信息："我生活的和你的一样，我也有相同的经历，也经历过同样的人生十字路口。你的感觉很正常，这可以理解，因为我也曾有过这种感觉。"

## 终 曲　从成熟走向成功
### Live Like Shakespeare

　　模拟生活的目的是经历尽可能多种类的生活。与人交往是无价之宝。模拟生活这个技巧的理想使用方式就是理解别人的感情，尤其是当你不能很自然地同情和分享别人的感情的时候，这样做尤为重要。

　　假定莎士比亚具有无可匹敌的擅长塑造人物的最丰富的想象力，我想仅仅以他那模拟生活的天才，他就能创造出丰富的东西。有人开始为他塑造的各种人物形象下结论。当然，像尤里斯·恺撒、马克·安东尼等人物形象都是栩栩如生的。然而归根结底，所有人物都必须只是他自己心灵的投影。他是这些人物的综合体。当我们审视他时，我们所看到的只是他的渊博和真诚。

　　莎士比亚之后，人们越来越重视有关人生成功的经验积累。在我们牢记了莎翁的二十条成功训诫之后，不妨回头参照一下后世的一些成功法则。牢记这些法则，将之融入你的生活中。熟练地运用这些法则，你将真正达到莎士比亚意义上的成功人生。

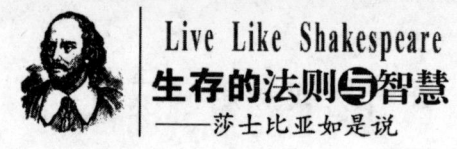

## 安德鲁·卡内基：
## 招致失败的45条常见原因

失败的原因有很多。美国钢铁大王卡内基在与拿破仑·希尔的对话中，指出失败的最普通的原因是：

1. 终身飘移不定的习惯，没有定一个确切的目标。这是失败的主要原因之一，因为它还会导致其他失败的原因；

2. 出生时，便具有不利的生理遗传因素，且这是唯一不能加以清除的失败原因；

3. 好奇而又多管别人闲事的讨厌习惯，时光和精力都被浪费；

4. 在个人所从事的工作上缺乏适当的准备，尤其是没有适当的学校训练；

5. 缺乏自律，往往表现在过度的吃、喝和性的放纵上；

6. 对于自我进取机会冷漠、缺乏兴趣；

7. 缺乏非凡的抱负；

8. 健康恶劣，不适当的饮食和运动；

9. 童年时代不良环境的影响；

10. 不能坚持到底完成工作，主要由于缺乏明确的目标和自律；

11. 在人生各方面习惯性地抱有一个反面的"心态"；

12. 没有养成善于控制的习惯，因而缺乏对情绪的控制；

13. 有不劳而获的欲望，通常表现为赌博，或者更坏的不诚实的习惯；

14. 遇事犹豫，不够明确；

15. 七种基本恐惧中的一种或数种：

（1）穷困；

（2）批评；

（3）健康不良；

## 终　曲 | 从成熟走向成功
Live Like Shakespeare

（4）失恋；

（5）老年；

（6）失去自由；

（7）死亡；

16. 选错了配偶；

17. 在生意或职业关系上过于小心谨慎；

18. 过分依赖机会；

19. 在生意或职业上选错了同事；

20. 选错了职业，或者完全忽视选择的重要性；

21. 缺少专注的精神，浪费了时间和精力；

22. 未经节制的花费，没有预算来控制花费；

23. 未能适当地分配和运用时间；

24. 缺乏有节制的热心；

25. 不能够容忍——一个封闭的心态，尤其是基于对宗教、政治和经济事务的无知或者偏见；

26. 不能与别人以一种和谐的关系合作；

27. 贪图不劳而获；

28. 应该忠实之处不够忠实；

29. 狂妄自大；

30. 过于自私；

31. 不依据已知事实形成意见及拟定计划的习惯；

32. 缺乏眼光及想象力；

33. 未能与那些具有适当经验、教育和能力的人结成"智囊团"的盟约；

34. 未能认识无限智慧的存在，不知如何由其中吸取力量；

35. 言谈粗野，反映出不洁和无纪律的心态，以及不当的文字修养；

36. 讲话不经大脑，多话；

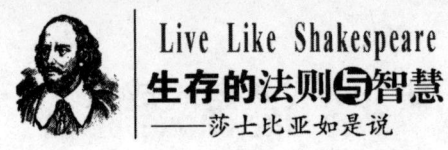

37. 嫉妒、报复和贪婪；

38. 拖延的习惯，往往因为纯粹的懒惰，而一般则是缺乏明确主要目标的结果；

39. 有因或无因的诽谤；

40. 对于思想力量的性质和目的无知，对于心智运作的原则缺乏知识；

41. 缺乏个人进取精神，主要由于缺乏明确的主要目标；

42. 缺乏自立精神，也是因为对明确主要的目标缺乏着魔般的动机；

43. 缺乏悦人的个性和品质；

44. 未能透过自动的、有节制的思想习惯发展意志力；

45. 缺乏对自己、对未来、对人类和对上帝的信心。

# 终 曲 | 从成熟走向成功
## Live Like Shakespeare

## 拿破仑·希尔：
## 走向成功的 17 条定律

拿破仑·希尔是美国成功学的鼻祖，成功学的杰出学者，堪称世界著名的成功学学家。他的成功学论著颇丰，提出了著名的 PMA（Positive Mental Attitude）成功模式，即积极心态的成功模式。在他的《PMA 成功之道》、《成功致富》、《积极的心态与明确的目标》和《拿破仑·希尔与钢铁大王卡耐基对话录》等论著中，贯穿着 17 条获得成功的定律，这就是：

1. 积极的心态；
2. 明确的目标；
3. 丰富的经历；
4. 正确的思考方式；
5. 高度的自制能力；
6. 培养领导才能；
7. 建立自信心；
8. 迷人的个性；
9. 创新精神；
10. 充满热忱；
11. 专心致志；
12. 合作精神；
13. 正确看待失败；
14. 永葆进取之心；
15. 合理安排时间和金钱；
16. 保持身心健康；
17. 养成良好的习惯。

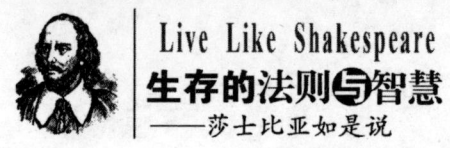

### ❖ 关于积极的心态

拿破仑·希尔认为，一个人能否成功，关键在于他拥有什么样的心态。成功者与失败者的差别就在于，成功者有积极的心态，而失败者往往用消极的心态来看待人生。成功者用积极的心态支配自己的人生，他们始终积极、乐观、豁达，失败者经常受失败与疑惑的控制，他们终日空虚、失望、消极、颓废。

积极的心态表现在：

1. 言行举止像你希望成为的人；
2. 有必胜的信念；
3. 用美好的感觉和期望去影响他人；
4. 使别人感到自己的重要；
5. 心存感激；
6. 学会称赞别人；
7. 善于微笑；
8. 到处寻觅最佳的新观念；
9. 不为鸡毛蒜皮的小事所纠缠；
10. 具有奉献精神；
11. 从不消极地断言什么事是不可能的；
12. 具有乐观精神；
13. 经常用积极的语言提示自己。

拿破仑·希尔也指出种种消极心态的表现，诸如：

1. 愤世嫉俗，认为人性丑恶，因此与人不和；
2. 没有目标，缺乏动力，不思进取；

## 终曲 从成熟走向成功
Live Like Shakespeare

3. 缺乏恒心，萎靡不振，经常为自己寻找借口而逃避责任；
4. 心存侥幸，空想发财，不愿付出，只图天降馅饼；
5. 固执己见，不能容人，常与人争执，也没有信誉；
6. 自卑懦弱，对自己不相信，怀疑自己的能力和智慧；
7. 有时挥霍无度，有时又过分贪婪吝啬，在金钱问题上经常陷入迷途；
8. 自高自大，清高虚荣，好为人师，玩弄权术；
9. 奸诈虚伪，不守信用，自欺欺人。

### ❖ 关于明确的目标

拿破仑·希尔认为，正确的心态是成功战略的第一步，也是成功的基础。一旦打下了基础，就可以开始建筑成功人生了，而明确的目标则是建筑成功的砖石。目标的作用在于：

1. 使人产生积极性；
2. 使人看清使命；
3. 有助于我们分清轻重缓急，行动有条不紊；
4. 使我们发挥潜能；
5. 使我们正确把握现在；
6. 使我们正确评估事业的进展；
7. 使我们未雨绸缪，有备无患；
8. 使我们实现工作成果。

那么，什么是正确的目标呢？

拿破仑·希尔认为，正确的目标应当是长期的、特定的、具体化的、远大的。

### ❖ 关于丰富的经历

在拿破仑·希尔看来，所谓"丰富的经历"就是勇于实践，勇于行

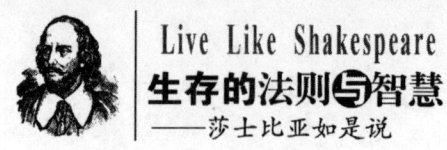

动。行动要遵循以下两条法则：

1. 切实执行创意。创意的最大价值在于付诸实施，否则，再好的创意也没有价值。因此，对创意要善于身体力行，否则将一无所获。

2. 保持心理平静。拿破仑·希尔说，天下最大的悲哀莫过于"我当时真应该那样做而没有那样做"。有了好的创意，最好现在就去做。只想不做等于白想，以后会后悔的。

因此，可以这样理解拿破仑·希尔的"多走些路"：所谓"多走些路"，其实也就是多做些事。就是做错了，这个世界也会原谅你的；但若什么都不做，这个世界注定不会原谅你，你是注定要失败的。

### ❖ 关于正确的思考方法

思考支配人的行动，正确的思考方法是正确行动的前提。拿破仑·希尔提出的正确的思考方法是：

1. 培养注重重点的习惯；
2. 看清事实；
3. 尊重真理；
4. 正确评价自己和他人；
5. 善于自我投资。

### ❖ 关于高度的自制力

拿破仑·希尔对美国各监狱 16 万名成年犯人作过一项调查，发现了一个惊人的事实：犯人之所以沦落成犯人，90%的人是因为他们对自己缺乏必要的自制。拿破仑·希尔发现，缺乏自制会对生活和事业造成极为严重的破坏。

拿破仑·希尔提出了培养自制力的 7 个步骤：

## 终 曲　从成熟走向成功
Live Like Shakespeare

1. 控制自己的时间；
2. 控制思想；
3. 控制接触的对象；
4. 控制沟通的方式；
5. 控制承诺；
6. 控制目标；
7. 控制忧虑。

拿破仑·希尔还提出不利于培养自制力的7种因素：

1. 嫉妒；
2. 愤怒；
3. 恐惧；
4. 抑郁；
5. 紧张；
6. 狂躁；
7. 猜疑。

### ❖ 关于提高领导才能

拿破仑·希尔说："领导才能就是把理想转化为现实的能力。"提高领导才能需要培养以下品质：

1. 坚定的勇气；
2. 良好的自制力；
3. 具有正义感；
4. 坚定的决心；
5. 科学的计划；
6. 乐于奉献；

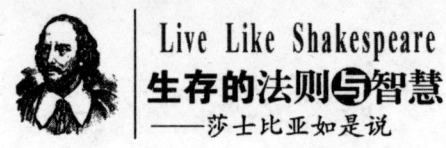

7. 迷人的个性；
8. 掌握信息；
9. 善于同情和理解；
10. 富有协作精神；
11. 果断决策；
12. 善于与员工沟通；
13. 激励艺术；
14. 富于冒险精神。

## ❖关于建立自信心

拿破仑·希尔说："信心是'不可能'这一毒素的解药。"

建立自信心就是要相信自己的才干，相信自己是独一无二的。同时还要品行端正，培养积极的心态，消除自卑感。

## ❖关于迷人的个性

迷人的个性是建立良好人际关系的基础，从而也是步入成功的前提。拿破仑·希尔认为，真正迷人的个性应具备以下几方面的要素：

1. 养成使自己对他人产生兴趣的习惯；
2. 培养说话能力，使你说的话充满说服力；
3. 为自己设计并创造一个比较独特的风格，使它适合你的外在条件和职业特点；
4. 发掘出一种属于自己的积极的品格；
5. 学会恰当的寒暄方法，给人留下热情、温暖的印象；
6. 人与人之间要有一定的吸引力，你要吸引他人，也要被他人所吸引；
7. 学会宽容与理解，不要随意发牢骚。

# 终曲 从成熟走向成功

拿破仑·希尔说，一个牢骚满腹的人决不会具有迷人的个性。

## ❖ 关于勇于创新

创新是跳跃式的进步；拿破仑·希尔认为，勇于创新要有以下品质：
1. 创意新颖；
2. 实验精神；
3. 主动进取；
4. 追求进步。

## ❖ 关于充满热忱

拿破仑·希尔认为，热忱是一种意识状态，是一种激励力量，它能够鼓舞人立刻采取行动，把计划付诸实施。

一个人要充满热忱，必须正确认识问题，做事充满热情，积极传播好消息，迫使自己经常采取热忱的行动。另外，身体健康也很重要。

## ❖ 关于专心致志

拿破仑·希尔认为，一个人只要集中注意力，就能调整自己的思想，提高工作效率，为成功布下阶梯。

根据拿破仑·希尔的有关论述，专心致志的要诀如下：
1. 把你的注意力集中到令人愉快的事物上；
2. 常听听轻音乐；
3. 对令人不愉快的事说声："这没关系"；
4. 安排时间进行安静的思考；
5. 一次只做一件事；

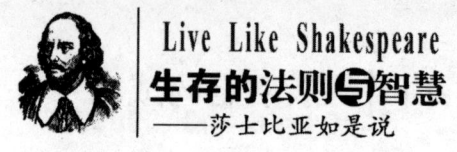

6. 把注意力集中到现在。

## ❖ 关于合作精神

一个人的成功总是需要他人的合作。你既需要他人的合作，他人也需要你的合作。而这种合作能否达成，关键要看你是否具有合作精神。

拿破仑·希尔建议，培养合作精神从以下几个方面着手：
1. 让他人感到自己的重要；
2. 善于从他人的立场上看问题；
3. 善于互相帮助；
4. 化冲突为合作；
5. 以友善的态度对待他人。

## ❖ 关于怎样对待失败

面对失败不要悲哀。拿破仑·希尔解释说："这里，先让我们说一说'失败'与'暂时挫折'之间的差别。我们应当先看清楚，那种通常被视为'失败'的事实际上是否只是一种'暂时性的挫折'。还有，这种暂时性的挫折实际上就是一种幸福，因为它会使我们振作起来，调整我们的努力方向，使我们向着不同的但更美好的方向前进。"

## ❖ 关于进取心

拿破仑·希尔认为，进取心是一种十分难得的美德，它能驱使一个人在不被盼咐应该做什么之前，就能主动地去做应该做的事情。保持进取心，要从以下几方面努力：
1. 克服拖延的习惯；

终 曲 | 从成熟走向成功
Live Like Shakespeare

2. 学习不为报酬而工作；
3. 不要滋生不满情绪；
4. 善于接受批评；
5. 勤学好问。

## ❋ 关于合理安排时间和金钱

拿破仑·希尔指出，利用好时间对成功至关重要，一天的时间如果不好好规划一下，就会白白浪费掉。这样下去，我们就会一事无成。

对生活和事业要有惜时如金的精神。

对金钱也要倍加珍惜。金钱能使你更充分地表现自我，在一定意义上，金钱也是成功的阶梯。善待金钱，要养成储蓄的习惯，要节俭，不要浪费。

## ❋ 关于身心健康

拿破仑·希尔认为，一切成功都始于健康的身心。首先，要有健康的心理；其次，练就健康的体魄。

## ❋ 关于良好的习惯

拿破仑·希尔认为，良好的习惯主要包括以下内容：
1. 养成放松的习惯；
2. 良好的工作习惯；
3. 良好的睡眠习惯；
4. 胸襟开阔的习惯；
5. 勇于承认和纠正自己缺点与错误的习惯；
6. 从容不迫的习惯。

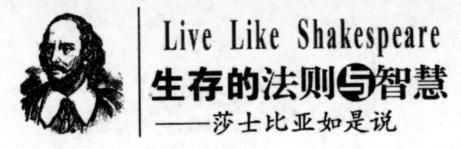

## 卡特尔：
## 如何做一个真正成熟的人

美国学者卡特尔博士在《如何做一个真正成熟的人》一书中，从人际关系的角度描绘了"迈向成功的大道"。对其主要内容综述如下：

### ❖ 不要因为小小的挫折而灰心丧气

1. 切勿沉溺于以往的失败中。

容易遭受失败的人在性格上有一个共同的弱点，就是对琐碎小事都极为敏感，遇到小小的挫折便产生强烈的反应，甚至得出极端的结论。

性格抑郁的人容易产生极端的反应，或得出极端性的结论。这主要表现在将小小的失败视为无可弥补的滔天大祸，一遇不顺的时候，就认为事事不顺，变得抑郁沉闷。具有抑郁倾向的人和心理健康的人相比，主要的差别并非在于他们的经历不同，而是他们对经历的看法和解释的角度不同。性格抑郁的人，即使与心理健康的人有同样的经历，也会以十分悲观的态度去面对，并且夸张地思考自己的失败。

2. 切勿以偏概全。

容易陷入抑郁状态的人对事物的解释常有一定的模式，就是将所有不快的原因归咎于自己，归咎于自己的错误。例如，因经济不景气而失业时，他们会认为是自己工作不努力所致，由此丧失信心，工作能力大减。

性格抑郁的人一旦失业或者失恋，其内心的痛苦肯定远远超过失业或失恋应有的痛苦程度。他们将一切归咎到自己身上，并且由此发掘自己的弱点，为此痛苦不已，直至丧失信心，也失去再度努力的勇气。

一个人如果处处看自己不顺眼，对自己毫无信心，那么生活将会多么痛苦？

# 终曲 从成熟走向成功
Live Like Shakespeare

## ❖ 消除自我能力不足的疑虑

1. 克服"升迁"后遗症。

一个朋友的升迁并未给他带来好运,相反,他竟然因此而患上抑郁症,经常酗酒,并且养成服用安眠药的习惯。这一切都是由升迁的压力所造成的。他升迁后,怀疑自己的能力是否与地位相符,这种想法不断地煎熬着他。他把这种现象视为"工作上的压力";其实,与其说是"工作上的压力",不如说是自我要求过高而产生的心理压力。

这种心理压力产生于对自己能力的怀疑。而这样的怀疑多是无端的,没有必要的。

2. 重视自己。

美国一位颇有成就的推销员时时都在提醒自己:"我是最优秀的推销员"。要学会用自己的嘴巴来赞美你自己。在房间最醒目的地方贴上一张纸,随时提醒自己:"我是最优秀的"。

任何人在人生舞台上都是最优秀的演员。具有抑郁倾向的人,应当向那个推销员学习,找一句最能鼓舞自己的话,贴在书桌前或一睁开眼睛就能看到的地方,以振奋自己的精神。

据说,一位知名的企业家每天对自己说:"我要长命百岁!"结果,他每天都朝气蓬勃,精神焕发。

## ❖ 从崭新的角度去思考自己的弱点

1. 切勿歪曲事实。

事实不会对我们的心理造成不良影响,而我们对事实的解释往往形成不可磨灭的阴影。由此可见,一个人最大的敌人不是别人,正是他自己。

2. 能接受真实的自我,就能保持内心的平衡。

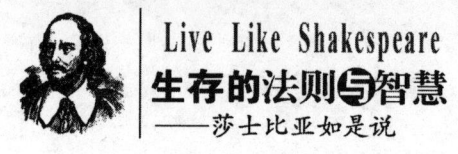

有自知之明的人,与自卑的人是不同的。

能坦然接受自己不如人这一事实的人,就不会有自卑感。因为他们已经成熟到能接受真正自我的地步。这种人虽然承认自己在某些方面不如他人,但对自己存在的价值从不怀疑。

### ❖ 不要隐瞒真相

1. 不成熟的人容易掩饰自己的真实面貌。人很容易对事物产生错误的看法,而且偏见一旦形成,便会越来越深。

隐瞒真相只会使原本微不足道的小事变得严重。

2. 隐瞒真相可能导致两种不良的结果,一是觉得欺骗了他人,因而愧对他人;二是加重了自卑感,因而愧对自己。

3. 切勿妄自菲薄。

有时,人的心理确实很微妙。例如,周围的人分明没有什么特别的举动,我们却心生暗鬼:"他好像很讨厌我","大家都瞧不起我"。

其实,大部分的痛苦都是自找的。所以,只有你自己才能把你带出苦海。当我们觉得受到伤害,并为此而痛苦的时候,就应该问问自己:"痛苦是不是自找的?"如果答案是肯定的,那么,只有你自己能解脱自己。

### ❖ 与其为难他人不如改变自我

1. 诽谤他人的心理。

幸灾乐祸、说长道短似乎是人类共有的劣根性。在工薪阶层之间,诽谤、中伤更是家常便饭,把他人贬得一文不值要比自己辛辛苦苦去努力超过对方容易得多。因此,有的人便常常不经意地说出一些不利于他人的话。

2. 诽谤他人毫无益处。

## 终 曲 | 从成熟走向成功
**Live Like Shakespeare**

一味地责难他人、诽谤他人究竟有什么好处呢？充其量只是获得暂时的满足，而且是一种空虚的、虚幻的满足。而为了这暂时的、空虚的满足，你必须付出极大的代价，包括不再激励自己奋发向上和损害良好的人际关系。

基于这一点，我们在责难他人的时候应当冷静地想想，自己责难他人的真实动机是什么？如果不检讨自己而一味地责难他人，到头来只会落到众叛亲离的境地。

3. 越不想改变自我的人越会责难自己。

有的人喜欢贬低自己："我是一个无能的人"，"我缺乏明辨是非的能力"，"我简直一无是处"……他们这样做似乎很谦虚，其实不然。当他们在责难自己的时候，心中是有所图的：一是藉此逃避责任，二是引起别人的同情。

推卸责任主要是为了减少麻烦，或不敢面对工作的挑战。无论是诽谤他人或是贬低自己，目的都是不想改变自己。

### ❖ 做自己的主人

1. 不要为他人所左右。

有的人不知道自己该做什么，经常处于无所适从的境地。这种人内心深处必然存在某种恐惧：父母的评价、众人的眼光、朋友的看法等。总之，他们总是为别人所左右，看不到真实的自我。

这种人最需要在夜深人静的时刻独自凝望星空。深夜的黑暗与宁静有时能令人猛然看清自己，因为隐藏在内心的无限的恐惧在夜深人静的时候会不知不觉地爬到脑海中来。

经常为他人所左右的人心中充满了恐惧，进而坐立不安。这种人必定是一个失败者，因为他们无法做自己的主人。

2. 要敢于说"不"。

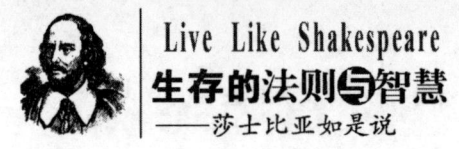

不敢或不愿做自己主人的人，在与人的交往中都不敢说"不"。凡事都有第一次。当你为了怕被厌恶而不敢说"不"，那么，以后你打定主意要说的时候，话到嘴边，还是会变成"是"。如此一来，你永远不会成为自己的主人。

如果你觉得内心深处有一种难以解脱的东西，弄得你坐立不安，你不妨问问自己：

一个人想做自己的主人，这难道是一种罪恶或过错吗？

无法成为自己主人的人，通常都被一种不可名状的罪恶感或莫名其妙的责任感所困扰。实际上，做自己的主人乃是天经地义的事，何罪之有？

3. 不要怀有罪恶感。

应该高兴时却产生罪恶感，一定是因为自己的观念有所扭曲，这种人经常对他人的要求产生不必要的责任感。

当自己应该断然拒绝时，却无奈地接受，这时感情就已经受到了扭曲。更为严重的是，一旦你屈从于不当的要求，以后就不敢再说"不"了。越是屈从于不当的要求，就越觉得说"不"是一种罪恶。

### ❖ 从"贯彻自己的原则"着手

1. 消除错误的使命感。

自卑感比较强的人常怀有莫名其妙的罪恶感。

一个人一定要依自己的意愿行事，做自己的主人。当他人的无理要求与自己的意愿相悖时，大有必要婉言拒绝，而不必有什么罪恶感。如果心中怀有罪恶感，一定是以前盲从惯了所致。为了做自己的主人，从现在起你就要以自己的意志来行事。对于上司、朋友或同事的要求应该多加考虑，改变以前有求必应的态度。例如，过去即使自己不愿做的事也勉强答应，现在则应该加以拒绝，或依照自己的想法去做。

2. 克服奴隶行径。

## 终 曲 | 从成熟走向成功
Live Like Shakespeare

一味地博取他人的欢心，乃是奴隶的行径。

人类的喜悦可分为两种，一种是退化的喜悦，一种是进步的喜悦。凡是受到同情而喜悦或因生病而受到重视而喜悦，都属于退化的喜悦。

还有一种奴隶式的喜悦，即通过奉承上司而获得上司的青睐，并为此而喜悦。这种喜悦没什么价值，是放弃自我的行径。

3．不做"受宠爱的奴隶"。

"受宠爱的奴隶"是不可能受到尊重的。他们一旦失去满足他人虚荣心的价值，肯定会被抛到九霄云外。

事实上，"受宠爱的奴隶"到头来常常落到被抛弃的境地。人们只尊重那些了解自我、能做自己主人的人。依自己的意志行事，会不会遭到排斥呢？不会的。这只是庸人自扰的想法。如果你一味地屈从他人，甘做"受宠爱的奴隶"，最后一定会失去他人，也会失去对自己的尊重。

4．必要时一定要"贯彻自己的原则"。

所谓"贯彻自己的原则"，就是做自己的主人。

"贯彻自己的原则"会使一个人变得分外积极主动，同时赢得他人的尊重。

"贯彻自己的原则"要依自己的判断行事。成熟的人会视情况的变化而采取应变措施，既不永远说"不"，也不永远说"是"。随机应变才是成熟的人应有的行为。

### ❖坚定自我的五种重要能力

1．忍耐能力

身为一个社会人，最重要的就是能忍耐。雨过自然会天晴。在暴风雨过去之前失去自制力的人，是担当不起重要责任的。

除了牢记"雨过天晴"的道理外，作为一名社会人更要了解："能飞越万里波涛的海鸥，都飞得很低。"无法忍受憎恶、静待时机的人，不可

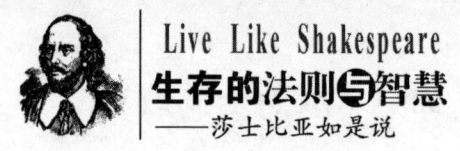

能有太大的成就。罗曼·罗兰的《约翰·克利斯朵夫》中有这样一段话：

"憎恶与屈辱侵蚀着他的心。他的整个身心都被愤怒的火焰燃烧着，在痛苦中挣扎……这种心灵上的风暴在外表上完全看不出……他从来未发出一句怨言……他咬紧牙关，把一切关闭在内心深处，只有在自己独处时，无声的眼泪才会流出来。"

2. 决断能力

我们有时会对极繁琐的事犹豫不决，难以决断。例如，当心血来潮时，我们会动手整理文件，整理时，又对某一文件该归入哪一类拿不定主意。于是，我们会突然感到一股莫名其妙的厌烦，中止手头的工作，甚至连做其他事情的念头都荡然无存。这个事例说明，我们之所以感到疲倦，往往不是因为做了太多的工作，而是想到还有那么多的事情未做而心生疲惫。换言之，我们不是因为工作而疲惫，而是因为精神的压抑而疲惫。你不妨仔细观察那些整日忙碌而精神饱满的人，他们是很少喊累的。

所以，该做的事情就当机立断地去做，当场能够处理的事情最好马上处理——立即回信或打电话联络。总之，很快就能够解决的事就不要拖来拖去，搞得自己疲惫不堪。今天能够完成的事硬要拖到明天，这种不必要的拖延会加重你的心理负担，使你觉得既忙又累。要克服疲惫无力感，不是停止工作，而是加紧工作。

该自己决断的事情也要自己拿定主意，不要对他人形成依赖，要相信自己的决断能力。

3. 行动能力

所谓优柔寡断是指毫无主张，无法下判断。有一位妇女在超级市场里站在同样的食品前整整踌躇了30分钟，还无法决定自己到底该买哪一种品牌的食品。

遇事无法下决断是性格未成熟的特征。怎样改变这种性格呢？

## 终 曲 从成熟走向成功
## Live Like Shakespeare

首要的便是采取行动。

有些人不论做什么事，都要思前想后，反复思量到底该这么做还是该那么做，迟迟不付诸行动。这种人也许终生都在思量某件事情，却从不真正动手去做。

"以付诸行动为前提"，就是不需要任何详细计划，说做就做。以旅行而言，如果想要当天返回，就这么办好了，何必操那么多心？

所谓情绪上未成熟的人主要是指有忧郁症倾向者。这种人无法作出抉择，会一直在原地徘徊。

在人生旅途上，错误的抉择当然不理想，但更坏的是根本不做任何抉择。

有人说："反正你只要不计后果，勇敢去做就对了。"这句话值得那些为决断而苦恼的人深思。

4. 协调能力

有些人可以与任何人建立良好的人际关系；有些人则除了情势所逼外，尽量避免与任何人交往。有些人时时显得生气勃勃，有些人则处处显得痛苦不堪。这是什么原因呢？

差别的原因就在于性格的成熟与不成熟。

一个人从学校踏入社会后，与同事间的交往变得十分重要。一个人能否与同事、朋友建立良好的人际关系，对于未来将产生重要的影响。

这里所说的协调能力就是特指协调人际关系的能力，其中的方法之一就是不要经常为自己辩白。辩白的话其实只对说者有意义，对听者则没有什么意义。有些人千方百计地为自己辩白，想以此提高他人对自己的评价，其实这种做法往往是不管用的，因为听者最不爱听的就是你滔滔不绝的自我辩白。

自以为是也会影响与人交往。自以为是的人往往是自我本位主义者，以为自己不喜欢、轻蔑的事别人也有同感。事实往往不是这样，一个人不能把自己的好恶强加于人。

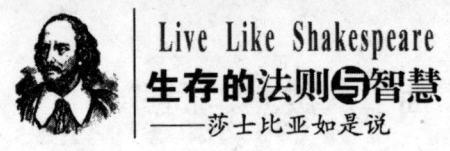

### 5. 客观地正视自我的能力

有些人怀有一种撒娇心理，对别人要求特别多，却从来不打算为别人做点什么。撒娇的人对自己的撒娇行为往往不自觉，只是一味地要求别人为自己服务。如果周围的人违背自己的意愿，他们就变得十分不快。

一个成熟的人应学会做自己的事，克服撒娇心理，做自己的主人。

## 终曲 | 从成熟走向成功
### Live Like Shakespeare

## 汤姆·莫利斯：
## "7C 模式"保障你成功

美国学者汤姆·莫利斯博士在《真正的成功》一书中论述了引导人生成功的"7C 模式"，即：

第一个 C（Conception）：表示概念，即对于究竟想得到什么，应当有明确的概念和目的、目标。

第二个 C（Confidence）：表示信心，要想达到目标，必须坚定自己的信心。

第三个 C（Concentration）：表示集中，即对于为达到目标而采取的行动，必须全神贯注，焦点集中，不要分散注意力。

第四个 C（Consistency）表示前后一致，一以贯之，要求在追求理想和目标的过程中，必须坚定不移，前后行动保持一致，不要半途而废。

第五个 C（Commitment）：表示专注和投入，要求对于所从事的事业有专注的感情，对所结交的朋友也要投入真切的感情。

第六个 C（Character）：表示品格，一个人要获得成功，必须树立良好的个人品格，让它引导人们始终走在正确的道路上，而不至于因品格不好而走上歪门邪道，误入歧途。

第七个 C（Capacity）：表示能力，一个人要获得事业的成功，既要有工作的能力，又要有享受的能力，从而得以一边工作，一边享受工作的成就和乐趣。

下面再来分述"7C"的具体要求：

❖ Conception：**概念清楚，目标明确**

成功的首要条件是对自己想要的东西有明确的"概念"，也就是说，

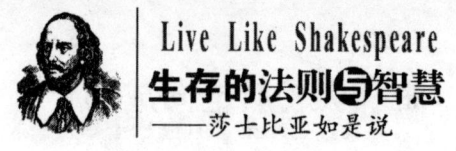

指导自己成功的概念到底是什么,知道自己想往何处走,想成就什么事,想变成什么人。

汤姆·莫利斯博士指出,所有谈论成功的书都提及目标和目标设定,而他的成功法则第一条则是特别强调概念一词,这是因为概念可以演化出许多联想。对每一个意欲成功的人来说,都必须在自己的脑海里勾画出前景蓝图,以此来引导自己思考、努力和行动的方向,从而为确立明确的目标奠定基础。

在确立目标之前应当思索:自己是谁?身在何处?正在做什么?喜欢什么?重视什么?究竟想要完成什么目标?我们需要在实践中对这些问题进行思考,并找出答案。这样有助于目标的正确性,贴近自己,贴近实际,使人真正得到自己想要的东西。

走向成功,需要设定了目标再前进。无论在人生的哪个领域,我们都需要借助目标。但目标务必清晰明确,因为模糊的目标无法有效引导明确的行动。所以,我们要迈向成功,首先必须建立明确的目标。

❖ Confidence:坚定信心,提高勇气

一旦有了明确的目标,接着就要有达到目标的信心,有勇于冒险的勇气。

人生是一场历险。这里所说的历险不是指一场偶然的冒险活动,比如高空跳伞、中东度假、心脏手术,而是说日常生活充满了风险,只是这些风险过于普遍,我们对它早已习以为常。只有我们在慎重考虑新事物时才会担心:"万一失败了怎么办?""万一是自己戏弄自己怎么办?""万一……万一……怎么办?"

有人说:"这件事我从来没做过。"要知道,目前治理世界的人并不是生来就注定要当领袖的。有些紧张是难免的,但不应为此而忧虑。凡事总有第一次,要树立信心,有信心经营好自己的这一生。

## 终 曲 | 从成熟走向成功
### Live Like Shakespeare

也许有人说:"我怎么知道自己办得到?"那么,就要反问:"你怎么知道自己办不到?"还有人会说:"也许我缺乏做好这件事的条件。"那么,就要针对这一点再说:"也许你恰恰是做好这件事的天才。"所以,我们应当勇敢尝试,发现事实。罗马哲学家西尼卡说得好:"除非尝试,否则没有人知道自己究竟能够成就什么。"

每当我们设定自己相信或渴望的目标,或者面对新的发展与进步的机会时,很容易产生种种怀疑自己能力的心理。这种怀疑会阻碍我们达到既定的目标,使我们裹足不前。我们恐惧新事物,恐惧未知,恐惧改变,恐惧冒险,恐惧失败,恐惧出丑。其实,恐惧是滋生一切负面因素的温床。假如我们已设定正确的目标,确定好正确的方向,就要克服恐惧,克服负面心理,因为它们对我们的成功有百害而无一利。

### ❖ Concentration:集中焦点,对准目标

在人生成功的旅途,努力的起点必须集中在如何从此岸走向彼岸,从目前所在的位置走到将来希望达到的位置。

世界上没有可一步登天的好事。在走向成功的旅途中,有时容易,有时困难,有时是坦途,有时是险滩,最后由于有足够的毅力,才能达到成功的终点。

失败的人多半是由于未能做好妥善的准备,对于如何达到目标缺乏明确的努力焦点。或许可以说,并不是他们计划要失败,而是计划做得不成功。因此,做计划时要把计划的焦点放在该如何从此岸到彼岸,把计划的重心放在该采取哪些步骤达到目标上。

为了集中焦点,对准目标,计划初步作出后,还要对计划进行调试、再调试。调试是对准目标的必要程序。在人生道路上,要有保持调试的弹性。20世纪的生物学一再启示我们,调试就是生命,生命就是调试。

重新审视计划或谋略,并非证明自己无能,恰恰相反,它证明了你的

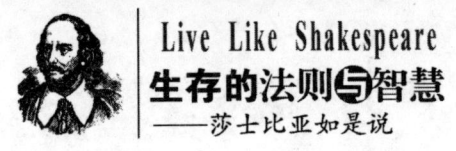

实力。大凡聪明的人都了解,最好的计划都是在信息不齐全的情况下制定的。聪明的人一边将计划付诸实施,一边搜集新的信息,据此调试既定的计划。

❖ Consistency:始终一致,坚定不移

我们所处的时代机遇很多,成功的人士也很多,但失败者也不乏其例。失败的人为什么失败呢?汤姆·莫利斯说,其中的一个重要原因是自我破坏行为。

汤姆·莫利斯指出:"几年前,我曾针对当时美国社会中个人、行业、组织的失败原因进行过研究,结果让我大吃一惊。我发现,造成当今种种失败的最普遍、最具破坏力的原因乃是种种形式的自我破坏行为。许多人的思想行为与他们所追求的主要目标的要求并不一致。按理说,应该让前景蓝图来引导思考和行为,但人们的思想和行为却与目标背道而驰。"例如:售货员梦想步步高升,却对顾客粗暴无理,经常迟到,马马虎虎;丈夫希望家庭美满幸福,却对妻子漠不关心;有人迫切想找到工作,却整天看电视,或与朋友厮混;某家公司希望提高信誉,却不时地有欺诈行为,等等。

一般人的行为经常与他的梦想或价值观相抵触,这种现象达到了令人吃惊的程度。一个人要想成功,必须克服这种弊病,要始终如一、坚定不移地追寻自己的目标。

要获得伟大的成就,无论在计划的制定还是执行上,具有一定的弹性是必要的,但进行必要的调试并不是动摇目标。美国前总统卡特在其就职演说上曾引用他高中老师的话说:"我们一方面必须不断调试,以适应变幻不定的时代;一方面要恪守永不改变的原则。"

《古兰经》上说:"真主与坚韧之士同在。"当我们坚定不移地追求既定目标的时候,也逐步建立新的习惯和新的思考与行为模式。而在发展一

## 终 曲 | 从成熟走向成功
### Live Like Shakespeare

定的新的习惯和行为模式时，会释放出一定的能量，使我们得以接近成功。从更深层的意义上说，人类锲而不舍、执著追求有价值目标的同时，也使宇宙的能量大量释放出来。

因此，我们必须执著追求，坚定不移，锲而不舍。无论思想上还是行动上，都要坚定不移。这是通向成功的第四个条件。

❖ Commitment：**热情投入，坚定意志**

曾有人请教凯瑟琳·赫本成功的秘诀，她的回答是："充满热情。"许许多多一流的演员、音乐家、艺术家、律师、教师、医生、推销员以及各行各业的杰出人士，大多被描述为"热情"、"狂热"、"感情丰富"。为什么成功需要狂热和活力呢？

首先，狂热有助于克服障碍。每个人都会遇到数不清的人生挑战，有的人把挑战视为难题，也有人把它视为契机，成功与失败最大的分野往往就在于此。一个人缺乏狂热和活力，就不能跨越障碍。所以，成功者都肯定活力的价值，也了解狂热的力量。

其次，狂热有助于开发潜能。若能开发潜能，我们便可获得个人所可能获得的最大成就。假如对自己正在做的事都缺乏狂热和活力，也许会觉得心力交瘁。然而，如果我们具备狂热，也有活力，就会有无穷的精力源源而来。

第三，狂热有助于越过风险。一个人必定要承受风险，才会获得成功。我们必须有一种狂热的精神和充满活力的劲头，尝试以往没有尝试过的事情。

❖ Character：**品格卓越，为人正派**

要获得真正的成功，必须考虑所追求的目标，及达到目标所使用的手

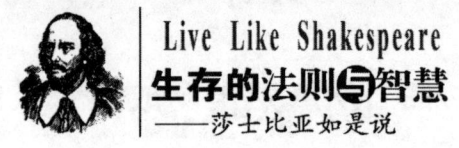

段,手段和目标一样重要。手段中包含着道德内容。品格是道德的核心,我们应将其视为人格的根基。有几位作家指出,本世纪以来,探讨成功的书籍往往过分追求"个性导向",只强调个性的重要性,其实应该以品格为基础才是正确的。美丽的房子如果建立在不良的根基上是无法持久的;一个人纵然有出众的才华,如果品格不端正,也无法获得长久的成功。

良好的品格包括正直、诚实、勇敢、耐力、仁慈、宽大、责任感等。同时,我们还有必要弄清楚何为"责任感",如何做到"诚实",以及如何做到真正的"正直"。

在努力迈向成功的过程中,品格的重要性丝毫不逊于智力的发展。

因此,成功的第六个条件是:要有良好的品格,以指引我们走在正确的道路上,不致偏离。我们所需要的品格要能够指引我们选择正确目标,以及达到目标的正确途径。

❖ Capacity:享受人生,着眼未来

许多人认为,成功是个遥远的目标,必须经历一番艰苦奋斗才能达到目的。他们咬紧牙关,忍受目前的痛苦,期盼终有一个出头之日。

其实,不要认为成功是个遥不可及的目标,或是某种终极的状态,应该把它视为一段历程,一段成功生活的状态。在追求成功人生的整体过程中,我们会经历无数次个人的小成功。要善于享受成功的滋味,最切实可行的办法就是学习享受每一段历程,从不同的角度去品尝。每个"此时此刻"所做的每一件事,都可以是一种享受。

## 终 曲 | 从成熟走向成功
Live Like Shakespeare

## 麦克斯威尔·马尔兹：
## 成功的机制

美国学者麦克斯威尔·马尔兹在《人的潜能》一书中提出了引导人们走向成功的"成功机制"。

### ❖ 不要操心太多

过多地操心，是现代人的一个显著特征。他们想借助思维来解决遇到的一切问题，因而显得过于操心，过于忧虑，过于害怕"后果"。

美国心理学家威廉·詹姆斯曾提出消除过分操心的方法。他说："如果我们希望自己的观念和意识系统丰富多彩和行之有效，我们就必须养成一种习惯，使它们摆脱所受到的压抑，解除自己对后果的过分关注。这种习惯同其他任何习惯一样，是完全可以培养起来的。谨慎、责任感和自尊，热烈的感情或忧虑的感情，在我们的生活中当然是不可缺少的。但是，当你下决心时，当你决定行动的计划时，要尽可能地控制住它们，不要让它们过于细腻。一旦作出决定，并将它付诸实施，就要彻底抛弃一切责任心和对后果的关注。总而言之，放松你思维和实践的机制，让它自由地运转，它就能加倍有效地为你服务。"

### ❖ 以退为进

后来，威廉·詹姆斯进一步说道，很多人有意识地努力了许多年，试图摆脱担忧、焦虑、自责、负罪感，但都没有成功；而当他们主动地放弃挣扎，不再用思维来解决问题时，反而发现自己已经获得了成功。

詹姆斯说："在这些情况下，正如无数案例中的人所说的那样，成功

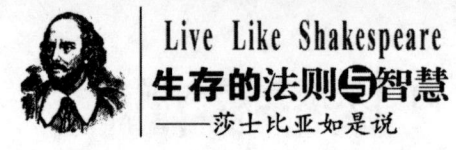

之路在于妥协、消极,而不是积极。因此,成功的法则应该是放松,而不是紧张。放弃你的责任感,放松你的紧张感,把你的命运交付给更高的一种无形力量,同时又对命运的安排处之泰然。

### ❖ 创造性思维与行动

法国著名科学家费尔说,他的一切有益的想法,都是在自己没有积极考虑问题的时候产生的。而且,现代科学家的绝大多数发现,也可以说是在他们离开工作岗位的间隙完成的。所以,众所周知,爱迪生在一个问题上卡住时,他总是躺下来打个盹。

美国国家广播公司前总经理雷诺克斯·里莱·洛尔曾经写过一篇文章,谈到他如何产生一些有助于企业发展的想法。他说:"我发现,当你正在做一些不太紧张的事情而思想处于最敏锐状态的时候,有很多好的办法会在头脑中浮现出来。例如在刮脸、开汽车、锯木头、钓鱼或者打猎的时候,或者同朋友聊天的时候。我的一些最重要的想法是在与自己的工作完全无关的、偶然收集的信息中产生的。"

B. 罗素说:"我发现,如果我要写一篇题目比较难的文章,最好的计划是努力加以思索——尽我一切可能努力思索,用几个小时或者几天的时间,然后再命令工作转入潜在状态。几个月之后,我有意识地再回到这个题目,发现工作已经完成了。在我发现这个技巧之前,我往往因为毫无进展而连续几个月忧心忡忡。而解决问题并不能靠忧虑,那用于忧虑的几个月的时间等于白费。现在,我可以把这几个月时间用在其他有意义的追求上了。"

### ❖ 做一名创造者

我们往往错误地认为,上述"创造性思维,仅仅属于科学家、作家、发明家等"。实际上,我们每一个人都是创造者,我们都具有同样的"成功机制",

## 终 曲 从成熟走向成功
### Live Like Shakespeare

用于解决个人的问题、管理企业、商业出售，就像创作小说或科技发明一样。
B. 罗素建议他的读者使用他的方法来解决人世间的个人问题。

### ❖ 发挥"自然行为"的作用

任何一种行为技巧，不管是体育、艺术、谈话或是销售商品，都不是痛苦地、有意识地去思索每一个要完成的动作，而是在放松的情况下让事情"自然"完成。

创造性行为是自然的和自发的。世界上技艺最娴熟的钢琴家在弹钢琴时，也不能有意识地考虑哪一个手指该弹哪一个琴键，如果这样去弹钢琴，恐怕连最简单的曲子也弹不好。当然，在学习弹琴的时候，他思考过这件事，但是后来练习中，他的行为最终变为"自然"的和习惯性的了。

只有在停止意识的努力，使弹琴成为无意识的习惯机制（这是成功机制的一部分）时，他才可能成为一名技艺高超的演奏家。

### ❖ 不要妨碍你的创造性机制

有意识的努力会抑制或阻碍你的创造性机制的发挥。有些人在社交场合显得局促不安，就是因为他们过于有意识地、过于焦虑地想做出正确的事，他们往往过分注意自己的一举一动。反之，如果他们"放得开"，不做作，不操心，对自己的行为举止不过多地加以研究，他们就能有创造性地、自然地行动。

### ❖ 利用创造性机制的五条原则

1. "心思应用在下赌注之前，而不是轮盘开动之后。"决定一旦作出并付诸实施，就要抛开一切责任感和对后果的关注。

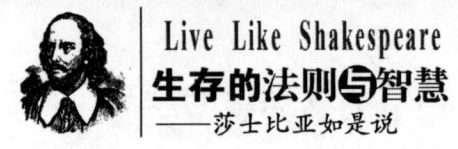

一个企业管理人员说:"我常常草率地作出决定或选择行动路线,没有相应的准备,没有考虑与之有关的各种危险,以及各种变化的可能性。可是,在'轮盘开动之后',却不停地考虑它的得失,考虑我是不是犯了错误。于是,我当时就下决心,以后我一定要在一个决定作出之前尽量考虑周全,尽量调动我的大脑思维,作出决定并付诸实施之后,我就完全抛弃与得失有关的一切考虑。不管你信不信,这种方法的确有效。我不仅感觉更舒服,睡觉更踏实,工作更有劲,而且事业也越来越顺利。"

2. 养成对"此时此刻"作出有意识反映的习惯。

你应当养成这样一种习惯:"不要为明天发愁",全神贯注于此时此刻,你的创造性机制不能为明天的事发挥作用,而只能为此时此刻发挥作用,也就是为今天发挥作用。

你可以制定明天的计划,但不要生活在明天或者过去。

威廉·奥斯勒博士说,这个简单的习惯是可以培养成功的。他一生中的幸福和成功的唯一秘诀就在于此。他劝告他的学生"生活在今日",除了今天的事情之外,不要顾虑昨天,也不要担心明天,应该充分地利用今天的生活,如果你今天的生活丰富多彩,你就充分发挥了你的内在力量,也会使明天过得更美好。

3. 一次只做一件事。

引起混乱、造成紧张和焦躁不安的另一个原因是,同时想做许多事情。这种习惯特别有害。我们感到紧张,是因为我们想同时办到许多事情,而这又是不可能的,所以,徒劳和失败就不可避免了。

事实上,我们一次只能做一件事情。如能认识并接受这一点,可以使我们停止同时"做下一件事"的考虑,把我们的一切注意力都集中到眼前正在做的事情上来。如果以这种方式来办事,我们就会感到轻松,不会再有仓促和焦躁不安的感觉,可以聚精会神地把目前要干的事情干得更好。

你的成功机制可以帮助你干任何工作,完成任何任务,解决任何问题。想象你自己正在给成功机制"输入"工作和问题,就像一个科学家给

## 终 曲 ｜从成熟走向成功
### Live Like Shakespeare

电脑"输入"一个问题那样。你的成功机制一次只能处理一个问题。这就和一次把三种不同的问题混淆起来同时输入电脑而绝对得不出正确答案一样，你的成功机制遇到这样的情况也无能为力。这就告诉我们，遇事轻松一些，不要把一项以上的工作同时塞进机器里。

4. 有时不妨睡一觉再做决定。

如果你整天被某一问题纠缠不休而又百思不得其解，这个时候，最好不要再去纠缠这个问题，暂时不做什么决定，不妨去睡一觉再说。

你的创造性机制在没有过多的"我"的干扰时工作起来效率更高。在睡眠之中，创造性机制有一个适宜的机会摆脱意识的干扰而独立运作。

爱迪生采用"假寐"之法搞发明创造。当然，他的"假寐"不是真睡，也不是为了养精蓄锐，而是为了躺下的时候产生灵感。有人说，爱迪生遇到阻碍时，总是在实验室里躺下休息，打一阵瞌睡，而在睡梦中忽然会想起一个克服困难的办法。

5. 工作时要学会放松。

保持轻松自如的态度和状态，你可以消除对你的创造性机制存在干扰作用的那些过分的紧张、关注和忧虑感；你的轻松自如的态度不久就会形成一种良好的习惯。

人生既然有成功机制，那么，有没有失败机制呢？当然是有的。失败机制主要有4个要点：

1. 挫折感

挫折是一种情绪上的感受，只要某种重要目标不能实现或某种强烈欲望受到压抑时，这种感觉就会产生。

我们应当懂得，我们的行为永远不可能像原来预期的那样出色。我们还应当接受这样一个事实：尽善尽美并非必须，不用强求，凡事能接近完美，就应心满意足。

我们应懂得忍受一定的挫折，不要因挫折而灰心丧气。

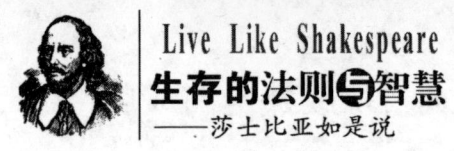

2. 错误的进取心

错误的或过度的进取心往往与失败相依相伴，就像黑夜紧跟着白天一样。

在人生道路上，进取心固然是必需的。但它一旦被错用，就会对人生的成功起反作用。

错误的进取心主要表现在，一个人不能把他的进取心对准一个有价值的目标。相反，他的进取心用在了类似于溃疡、高血压、焦虑、过度抽烟、强迫性工作等自我毁灭的事情上。

对待进取心的方法不是消灭它，而是理解它，提供适当的渠道，让它表现出来。

3. 不安定

不安定的感觉建立在内心不适应的观念或感觉之上。如果你觉得自己"不配"达到某种要求，就会觉得不安。有时，我们会拿自己的实际能力同一个想象的、过于理想化的、完美的或绝对的自我相比，这些显然都超出了自己的实际能力。所以，用绝对化的、理想化的标准来对照自己，必然造成不安定感。

消除不安定感的方法就是脚踏实地地投入工作，不要有自我优越的思想包袱。

4. 孤独

我们谁也免不了有孤独的感觉。但是，极度的或长期的孤独感却是失败机制的一种症状。

孤独的人往往会形成恶性循环。由于他觉得社会与自我格格不入，人与人之间的接触不能令人满意，大有世态炎凉的感觉，于是，就干脆脱离这个社会隐居起来。

不要顾虑你的感觉，要强迫你自己加入大家的行列。一开始，可能有不适应的感觉，但只要坚持下去，你就会发现自己受到热烈情绪的感染，也会从中获得乐趣。

# 终曲 从成熟走向成功
## Live Like Shakespeare

## 克勒蒙·斯通：
### 打开财富的堡垒

成功学大师拿破仑·希尔和美国一位企业家克勒蒙·斯通合作著成《积极心态是成功之道》一书，书中对成功的一个重要环节——"打开财富堡垒"进行了阐释，主要观点如下：

❖ **有没有发财的捷径**

捷径的定义是：按比平常的程序直接而快速地做事的方法。

用积极的心态思考问题就是发财的一条捷径。

思考一词仅是一个符号，如何思考要依据"你是谁"而定。那么你是谁呢？请考虑下列因素。

拿破仑·希尔认为，你是你的下列各项所组成的：遗传、环境、身体、意识、经验、在时间与空间中的位置、其他一些已知和未知的因素。

当你用积极的心态进行思考时，你就能影响、控制、协调、运用以上这些因素。这样，为你铺设的发财捷径可以概括为：用积极的心态进行思考。

❖ **要招财，不要拒财**

不论你是谁，都能招致财富，但也能拒绝财富。所以说："要招财，不要拒财。"

这里所要告诉你的是如何能够赚钱。首先你要问问自己，你想不想发财，不要欺骗自己。你当然是想的，你难道怕发财吗？

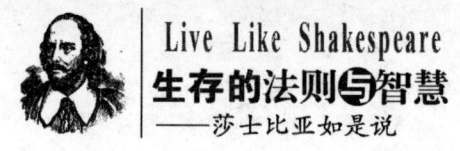

要想发财就要把时间用在研究、思考、计划上来。

1. 思索

通过研究多人事业成功的经历可以发现，他们在获得一本好书的时候就开始了走上成功之路的日子。所以，不要低估了书籍的重要性，它是提供灵感的工具。

精心思考对获取财富是大有必要的。因为静寂的时刻是涌现最好的念头的时刻。思考是人所建造的一切的基础。在思考时别忘了用纸笔记下你的思考所得。

2. 订立目标

招致财富的另一要素是学习如何订立目标。有4个重要项目须牢记心头：

（1）写出你的目的；

（2）自己定一个时限；

（3）定一个较高的标准；

（4）目的要崇高。

订立计划时，你应该如此胆大，以至于要求人生给予的多于你的实际能力所能得到的。这样有助于你向更高的目标迈进。

3. 善于投资

奥斯本先生是一位雇员，属于工薪阶层。可是，他发财了。他用的方法很简单，就是善于投资。他发现财富是可以招致的，假如你：

（1）在你所赚取的每一美元中储存10美分；

（2）每6个月将你的储蓄、利息以及由储蓄和利息得来的股息都用于投资；

（3）投资时要听从专家们的建议，以求安全，避免本金的损失。

❖ 借用别人的钱

小仲马在他的剧本中说："做生意？很简单，那就是用别人的钱。"是

## 终曲 从成熟走向成功
### Live Like Shakespeare

的，就是那么简单。用 OPM（other people's money）即别人的钱。这是发大财之道。

不过，用别人的钱必须有基本前提，这就是：你的正直、诚实、忠贞和信用。

不诚实的人是没有资格谈信用的，当然也没资格使用"OPM"。

1. 将 OPM 用于投资。

威廉·尼克森写过一本关于 OPM 的书，书中说："我如何在空闲的时间将 1000 美元变为 300 万美元。""钱能生钱，它的子孙所能生出的更多。""你为我指出一位百万富翁，我就能轻而易举地为你指出，他是一位债台高筑的人。"

百万富翁借钱生钱，借的钱、生的钱大量用于投资。

2. 银行家是你的朋友。

银行家是做借钱生意的。他们借给诚实的人的钱越多，赚的钱就越多。商业银行主要是借钱给人做生意，所以为奢侈而借钱是得不到鼓励的。

你应该结识这样的银行家：他是一位专家，愿做你的朋友，他想帮助你，想看到你的成功。

### ❖ 如何对你的职业感到满意

无论你的职业如何——是老板或是雇员，是经理或是工人，是医师或是护士，是律师或是女秘书，是老师或是学生，是主妇或是女佣——你都负有对你的职业感到满意的义务，一直到你不做它为止。

1. "我觉得健康，我觉得快乐：我觉得好得不得了。"

一位 18 岁的大学生利用暑假来做推销保险的工作。在他两个星期的理论训练中，他学到许多东西，其中一条是：

在你觉得需要的时候，要使用自我激发词，例如：我觉得健康！我觉

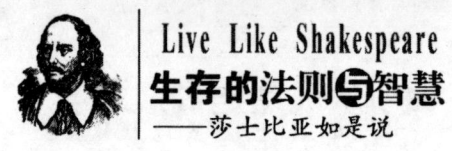

得快乐！我觉得好得不得了！以此激发你在迈向目标途中的积极行为。

2. 心态造成感觉的差异。

看看你的四周，注意一下那些享受他们的工作与不享受工作这两种人。造成他们不同的原因是什么呢？快乐而满足的人控制着他们的心态。他们对自己的处境采取积极的看法。他们追求的目标是美好的，而且有点儿什么不好的时候，他们便先从自己着手，看看有无可改进之处。他们尽可能多地了解工作，以便能更熟练，从而把工作做得使自己和老板都感到满意。

而那些对工作不满意的人呢？他们好像就是希望不快乐似的。在这种不适应的情况下，你可以改换你的位置，把自己放在适合的环境中去。

## 终 曲 | 从成熟走向成功
### Live Like Shakespeare

## 史蒂芬·哈维：
### 成功的十条戒律

美国巴比伦成功学院的创办人史蒂芬·哈维主编了《DFP 成功学》（*Develop Your Full Potential for Success*）一书，其中谈到成功的十条戒律。

### ❋ 每天辛勤工作，这是生命和成功的所在

工作不是你的敌人，而是你的朋友。假如你被禁止工作，将会无所事事，乞求早点离开这个世界。

要想成功，唯有辛勤工作。如果你既想获得成功，又不愿辛勤工作，那么，成功将远离你而去。

### ❋ 只要有耐心，你就能控制自己的命运

你无法使成功加速到来，就好像你无法使自然界的百花提前开放一样。金字塔是一砖一石盖起来的，伤病是一日一日逐渐痊愈的。成功的获得也是这样，是一步一步逐步积累的。因此，你必须保持耐心。

耐心就是力量。它可以使你获得精神支柱，消解烦躁心态，埋葬愤怒情绪……当时机成熟的时候，成功自然会来到你的身旁。

### ❋ 谨慎确定前途目标，否则你将一事无成，飘忽不定

没有一艘起锚远航的船只漫无目的，没有一支出征的军队没有目标。同样道理，没有一个人的成功没有明确的前景。

你的一生究竟有何所求？在做决定之前，要三思而行。你是想得到财

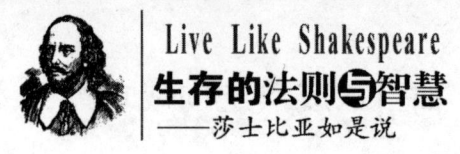

## Live Like Shakespeare
## 生存的法则与智慧
——莎士比亚如是说

富、权势、温暖的家庭还是心灵的平静？是土地、名誉还是地位？不管你的所求是什么，都要把它铭刻在心，永不放弃，这是成功的向导。

### ❖ 未雨绸缪，有备无患，在顺境中做好迎接逆境的准备

世界上没有什么东西是永恒不变的，你的一生就像自然界一样，也有季节性变化。你所面临的无论是顺境还是逆境，都不可能永恒不变。

如果你面对变化而毫无准备，变化一旦来临就会措手不及。切记，永远都要预防最坏情况的发生，就是在晴天，也要准备雨伞。

### ❖ 以微笑面对逆境，直到逆境向你投降

逆境从来就不是恒定不变的。你明白这个道理，就会变得聪明起来，就不会面对逆境愁眉不展。

谁能断言在你饱受逆境的煎熬以后不会获得伟大的成就？

逆境也是你最好的老师。人在顺境中往往学不到什么，但在逆境中往往会获得许多新的知识。所以，有必要提醒你：即使在最黑暗的时刻，每一次失败都可能是通向成功的基石。

### ❖ 只有计划而没有行动，计划就是空想

计划是为了行动。只有行动，才能推动计划的实现；只有行动，才能赋予你人生的力量和乐趣。

就是在懊悔之中，也不要忘了行动。行动是治愈你心灵创伤的良药。

当你忙忙碌碌地采取行动的时候，你等待成功的时间会显得相对短些，而你实现目标的成果似乎也会早些到来。

## 终 曲 | 从成熟走向成功
### Live Like Shakespeare

❖ **去除心理障碍,保持积极心态**

心灵是命运的主宰,它既可以化地狱为天堂,也可以化天堂为地狱。

过去发生了某种不幸,最好尽快把它忘了,否则它将把你压得透不过气来。

忘记过去的不幸,将有助于你振奋今日的精神。

对明天也不必忧虑。对于明天可能来临的痛苦和可能犯下的错误,你现在也无能为力,就是忧虑也无济于事。你所能创造的一切,不在过去,不在未来,就在现在,在你手头正做的事情。

❖ **要到达目的地,须先减轻重负**

今日的人与婴儿时的你有何差异?当初你赤条条地来到这个世界,无忧无虑;现在,你却被各种重负压得透不过气。这样,人生变成了一种惩罚,而不是乐趣。

所以,你必须把你身上的重负尽快减轻,包括金钱、物质、地位、名誉。

❖ **珍惜时光,享受生活**

死亡这个幽灵时时在我们周围徘徊。你要有这个警觉,就会珍惜美好的时光,品尝日子的甘甜,而不去把宝贵的时光用在无谓的忧虑、叹息之中。

珍惜时光,就要快乐地享受人生。

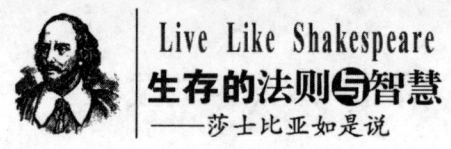

## ❖ 不要模仿他人,要保持自我

保持自我,顺从自己的天性,这是保持快乐人生的秘诀。上帝赐予你种种长处,你要充分利用它们,而不要总想戴上别人的帽子。

在你最擅长的位置上竭尽全力,那么你将会知道,你是这个世界上最幸福的人,也是最成功的人。

### 终 曲 | 从成熟走向成功
Live Like Shakespeare

## 冈本常男：
### 克服人生的困难和挫折

日本精神保健冈本纪念财团理事长冈本常男，集日本企业界的人生经历，提出克服人生困难与挫折的见解和方法。

### ❖ 怎样打开成功之路

1. 人在烦恼时看不清周围的情况。

在人的一生中总会遇到各种挫折和困难。而每每到了这个时候，人就容易看不清自己的处境，恰如钻入黑洞洞的隧道一样。

2. 接受现实，保持冷静。

人在困难的时候，首先应当分析情况，认清现实。卡耐基提出的方法很有意义，这就是：

第一，实事求是地分析现状，预测由于失败而可能出现的最坏情况；

第二，如果不能改变最坏的情况，就勇敢地接受这一事实；

第三，然后，集中精力，力求情况向好的方面转化。

冈本常男说，我们遇到某些重大的困难和挫折时，很容易看不到全局，陷入所谓的"隧道现象"而走迷了路。

遇到这种情况，最重要的是接受真实的现实，做好可能出现最坏情况的思想准备，在此基础上冷静地思考对策。

3. 聆听前辈的教诲。

为避免陷入"隧道现象"，可以向平时自己敬重的上司或富有经验的前辈求教，接受他们的忠告。

冈本常男说，为此，平时要注意与那些能给自己教益的人交往，不要平时不与人交往，到遇到困难的时候才临时抱佛脚。要尊重训斥过自己的

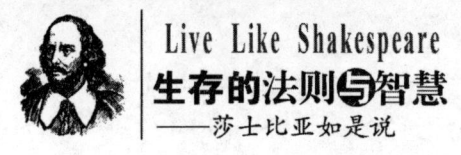

上司和前辈，不管遇到什么事，都要经常向他们汇报。只有坚持这样的态度，在遇到困难的时候，才会有所依靠。

4. 回到原来出发点。

在遇到困难的时候，可以回到原来的出发点，重新思考问题。

冈本常男说，回到原来的出发点并不是忘记眼前的苦楚，在回忆中逃避现实。现在之所以遇到困难，原因必定在于你以前走过的路。重要的是不要把眼睛紧盯住目前的困难而一筹莫展，而要开阔视野，回到原来的出发点重新考虑问题，这样才有助于问题的解决。

### ❖ 困难和挫折有助于人的成长

1. 变挫折为力量的方法。

无论是做学问还是干事业，或者在其他任何领域，那些最终获得成功的第一流人物，绝不是自一开始就一帆风顺的。他们中的绝大多数都曾遇到过巨大的困难和挫折，然而，他们都积极地战胜了这些困难和挫折。当我们评价成功者的时候，往往只看到他们获取成功的结果，却看不到他们在获得成功的道路上克服困难的艰辛路程。我们应当学习的倒是他们获得成功之前的艰辛历程。

他们怎样变挫折为力量呢？关键在于：他们并没有被困难和挫折所束缚，而是努力地从中寻找自己应该做的事情，并付诸实施。这样做就能够把困难和挫折变为促使自己奋发的动力。

2. 失败是人生的指路明灯。

日本一位总经理说："当我陷入处处碰壁、走投无路的绝境时，突然在我的脑海里出现好的主意。这真是不可思议。我想，所谓干事业就是如此吧。"

人生的困难和挫折对每个人来说都是难得的考验。理想越是宏大，遇到的困难就越多越大。只有遇到困难和挫折，才会认识自己，战胜困难，

## 终 曲 从成熟走向成功
Live Like Shakespeare

从而获得进步。

从这个意义上说,困难的确是人生的指路明灯,它是为人们指出人生方向的巨大路标。

### ❖ 转祸为福

常言说:"人间万事好似塞翁失马。"人生活在这个世界上,不会总遇到好事,也不会总碰到坏事,好事与坏事总是不断交替出现的。

冈本常男说,在商界也是如此,商界运转完全符合上述规律,顺与不顺,二者总是交替出现,但最为重要的是,有顺境时可能已经埋藏着不顺的兆头,而在逆境时可能已经隐含着顺境的契机了。关键在于:要抓住时机,尽快采取对策。冈本常男以自己的亲身经历举例说:

"我虽然走上了生意之路,但所在的批发店仅维持了一年就破产了。这肯定是个灾祸吧。但正是从这里我下定了独立经营的决心。如果那家公司发展总是一帆风顺,我也许很快当上了干部,薪水也会提高,在这样舒适的环境中生活,那个独立经营的梦想总有一天会落空。"

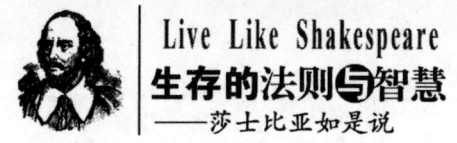

## 成功地与他人交往

外国众多的成功学著作反复谈到交际的作用和艺术,多数学者经常将交际和成功联系在一起,认为交际是走向成功的一条捷径。

### ❖ 怎样受人欢迎

1. 受人欢迎的法则。

掌握受人欢迎的法则是受人欢迎的前提。这种法则可概括为以下几种:

(1) 愉快的心情;
(2) 宽容和大度;
(3) 诚实的人格;
(4) 坚忍的毅力;
(5) 富于同情心;
(6) 知道感恩戴德;
(7) 懂得保持自制;
(8) 善于施惠于人。

2. 受人欢迎的秉性。

一所大学的心理学系曾作过受人欢迎和不受人欢迎的秉性分析。结果证明,一个人要做到受人欢迎,需要具备46种秉性,但有一个基本的秉性富有巨大的力量,这就是真诚地爱别人。只要你培养出了这个秉性,其他的受人欢迎的秉性就会随之而出。

人心具有奇妙的心灵感应。你爱别人,这种爱自然会得到反馈。你孤芳自赏,蔑视别人,仇视别人,也同样会得到相应的反馈,别人对你的蔑视或仇视也会倾泻到你的身上。

终 曲 | 从成熟走向成功
Live Like Shakespeare

3. 受人欢迎的习惯。

在与人交往中，每个人都有自己的习惯，哪些习惯受人欢迎呢？

（1）记住别人的姓名。一个人的姓名是这个人的象征，记住他的姓名，就表明他在你心目中占有一席之地，表明你对他的尊敬和重视。

（2）平易近人。要使人与你相处时不会产生紧张的感觉，使人感到你很容易接近。

（3）轻松随和。这样你就不至于常常烦躁，使不愉快的心境传染给别人。

（4）谦虚谨慎。不要过于以自我为中心，不要显得你什么都知道，不要使别人没有一点发言权。

（5）培养对他人产生兴趣的习惯。这样人们就希望跟你在一起，因为你对他人感兴趣，他人自然地也就对你感兴趣。

（6）不要有"小心眼"。"小心眼"很容易伤感情，有时它是在不知不觉中产生的，要注意消除。

（7）真诚地去喜欢每一个人。要记住这样一句话："我从来没有遇到过一个我不喜欢的人。"

（8）祝贺与同情。对别人的成就要及时给予肯定，并及时给予祝贺；对别人的不幸要及时有所了解，并及时表示同情。

（9）真诚地帮助别人。有人说，这是一个比较冷漠的世界，每个人都希望得到帮助，一旦你给别人以帮助，别人是永世不忘的。

❈ 交谈的艺术

交谈是人际关系的桥梁和媒介。要交际好必须先有好的交谈。

1. 交谈的误区。

（1）专横武断。别人最怕与走极端的人交谈，怕与那些把自己的意见强加于人的人交谈。

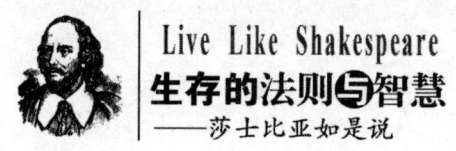

(2) 喜欢争论。在交谈中像个好斗的武士，对什么都要争论一番，以此显示你的口才和知识，却对别人造成极大的负担。

(3) 沉闷单调。当大多数人在一起闲聊的时候，就怕你一个人沉闷地独处一隅，望着自己的鼻尖。

(4) 圆滑扯谎。别人与你交谈，需要你有个诚实的态度，最怕你唯唯诺诺，随便敷衍，还怕你信口开河，一派胡言。

(5) 唯我独尊。好像真理就在你手中，别人的意见一无是处。

(6) 模棱两可。对一切事情都是一种"无可无不可"的态度，人家听你讲了半天话，结果什么也没听到，因为你所说的话都是模棱两可的不负责任的话。

(7) 口齿不清。因为咬字和发音的缘故，你说了半天，别人多半没有听懂。

2. 怎样处理不同意见。

在交谈中有不同的意见和见解，这是再正常不过的事了。但是，如果处理不好，容易伤感情。那么，怎样与有不同意见的人进行交谈呢？

(1) 增长知识。有不同意见的时候，你可以发表自己的见解，只要你是对的，别人会接受你的意见。而要做到这一点，前提是你具有广博的知识，你的正确的意见产生于你广博的知识。

(2) 态度和善。不要因为与某人有不同的意见，就对这个人态度恶劣。别人对你产生不满的原因，不是因为你有不同的意见，更多的是因为你对有不同意见的人采取不友好的态度。

(3) 求同存异。我们常常感到，别人的争论焦点并不是什么原则问题，而是在一些无关紧要的枝节问题上争论不休。要懂得在枝节问题上有所退让，能保持原则问题的一致性，这就够了，没必要把一些枝节问题也争个水落石出。

(4) 避免僵局。无论你与对方的分歧多么大，都不要显出事情无可商量的局面，不要使谈话陷入僵局。

3. 交谈的方式。

世界著名的交谈艺术大师切斯特·费尔特先生曾经教人在谈话中注意以下方式：

（1）你可以经常说话，但不要说得太长。如果不是十分必要，不要给人讲故事。

（2）谈话内容要看对象，见什么人说什么话。

（3）和人谈话要注意自己的态度。比如，切忌拉住别人的衣袖手舞足蹈，也不要狂妄自大，外表应坦率，谈话的时候最好正视对方，不要东张西望。

（4）和他人开口赌咒，闭口发誓都是不良的做法，既不要高声哄笑，这是无教养群体的恶习，也不要与人"咬耳朵"，窃窃私语，像蚊虫叫一样使人听不清楚，这是最让人受不了的。

4. 增进好感的谈话要领。

（1）当你遇到新朋友时，试着从言谈话语间发现你们之间的共同兴趣，就共同兴趣展开话题。

（2）当别人谈兴正浓的时候，不要打断他，即使你有所补充，也要等人家讲完了再说。

（3）使一起谈话的人都有发言的机会，对不善言辞的人更要进行关照，比如问他："你对这件事情怎么看？"这样，人家就会对你心存感激。

（4）常记住你的朋友的爱好是什么，假如他们的爱好与你不同，你要尝试对他们的爱好进行了解，说不定你也会产生同样的爱好。这样既可以扩大话题，又可以增进友情。

（5）避免谈论疾病或隐私。

（6）在社交场合，尽量少谈容易引起争论的话题。

（7）不要与人进行无谓的争辩。

（8）尽力充实你的词汇，谈话时尽量用词恰当，有的麻烦就是因为用词不当引起的。

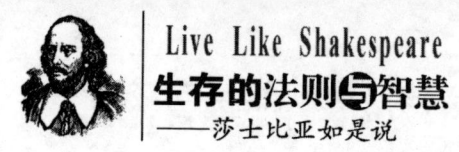

(9) 谈话时尽量声音柔和，但不要使对方听起来感觉吃力。

(10) 运用适当的技巧，使有趣的话题深入下去；如果话题枯燥，尽量改变。

(11) 尽量少用手势，过多的手势会给人浅薄的印象。

(12) 谈话中如果陷入沉默，你最好首先打开话匣，如果实在没有话题，你也可以向对方提问。

## ❖ 受人欢迎的礼节

交际场上的礼节就是待人处事的规矩，它形成于长期的传统习惯，经由众人的肯定，逐渐形成社会的习惯和人们在交际场所所要遵循的原则。

1. 礼节的基本要求。

受人欢迎的交际礼节多种多样，但都要符合以下基本要求：

(1) 待人诚恳。对人对事都要怀着诚恳的态度，不要虚伪狡诈。

(2) 尊敬他人。你希望他人尊敬你，首先你要尊敬他人。在对人行礼节的时候，应该贯穿尊敬的原则。

(3) 富有同情。在当今社会，并不是所有的人都时时处处地处于顺境，每个人都会不同程度地受到精神上或物质上的打击，遇到大大小小的困难。每当这个时候，要对朋友深表同情和慰问，即使对朋友的小小不幸也应如此。

(4) 关心体贴。一个不关心别人的人是永远得不到真正的朋友的。一位心理学家说过："不关心别人的人，不但自己为人处世感到孤单，而且可能成为害群之马。"古今人类的失败者多半属于这种人。

2. 拜访和接待亲友的礼节。

首先，拜访亲友应注意以下礼节：

(1) 服饰。普通的访问以整洁大方为宜，如果参加喜庆的活动，最好打扮得美观一些。

## 终 曲 从成熟走向成功
Live Like Shakespeare

（2）时间。原则上以照顾对方的时间为主，拜访应安排在对方认为合适的时间。

（3）交谈。如有要事交谈，就先把事情说清楚，不要绕弯子。如果对方在交谈中显出不耐烦或心不在焉的样子，应立即设法告辞。

（4）介入。拜访亲友常会遇到他人在场的情况，这时，经主人介绍，应向别的客人点头致意或友好握手，并稍谈一会儿。如你无要事，而对方有事在身，你最好尽早告辞，千万不要等人家"轰"你了你才起身。

下面再谈待客的礼节：

（1）迎接。有客来访，最好到门口迎接。如需客人稍候，最好在客厅准备一些报纸、杂志之类的读物，或由家人稍陪，以免客人尴尬。

（2）款待。对预先约好的客人，应事先准备好款待的物品，如茶点之类，以表示接待客人的诚意。

（3）送客。客人告辞时，应将客人送到大门外，并握手说声"再见"。如客人带有物品，应主动帮助携带。